Max von Pettenkofer

Boden und Grundwasser in ihren Beziehungen zu Cholera und Typhus

Max von Pettenkofer

Boden und Grundwasser in ihren Beziehungen zu Cholera und Typhus

ISBN/EAN: 9783743406759

Hergestellt in Europa, USA, Kanada, Australien, Japan

Cover: Foto ©berggeist007 / pixelio.de

Weitere Bücher finden Sie auf **www.hansebooks.com**

Inhalt.

	Seite
Einleitung	1
Gründe für die Annahme eines Einflusses des Grundwassers auf die Frequenz von Cholera und Typhus	7
Ueber porösen und compakten Boden	22
Das Grundwasser als Quelle und Maassstab der wechselnden Bodenfeuchtigkeit	39
Verschiedene Vorgänge in verschiedenem Boden	44
Der Boden und die Immunität von Würzburg	45
Einfluss des Trinkwassers auf Choleraepidemien	49
Betrachtung der Choleraepidemie von 1866 in Ostlondon nach Boden- und Grundwasserverhältnissen	65
Sonstige Erklärungsversuche für den Ausbruch von Cholera-Epidemien	67
Nothwendigkeit einer weiteren Zergliederung des Verkehrs und einer genaueren Berücksichtigung der örtlichen und zeitlichen Hilfsursachen	74
Angebliche Beweise gegen den nothwendigen Einfluss von Boden und Grundwasser und für die Verbreitung der Cholera durch den Verkehr und die individuelle Disposition allein. Amtliche Choleraberichte	80
Cholera auf Schiffen	99
Choleraepidemien im Winter in St. Petersburg	100
Hypothetisches	104
Allgemeine Sätze über Ursprung und Verbreitung der Cholera	124
Auf die Immunität von Lyon bezügliche Sätze	134
Sätze über den Einfluss der Grundwasserschwankungen auf die Frequenz des Abdominaltyphus in München	136

Einleitung.

Virchow bespricht in einer hygienischen Studie: „Canalisation oder Abfuhr?"[1]) auch Boden und Grundwasser in ihrer Beziehung zu Cholera und Abdominaltyphus. Man bleibt bei vielen Stellen unentschieden, wie weit sie einen Einfluss von Grundwasser und Boden anerkennen oder bekämpfen wollen. Virchow hat zum Zustandekommen eines Ausspruches der obersten Medicinalbehörde in Preussen mitgewirkt, gemäss dem es „als eine der dringlichsten Aufgaben der Sanitätspolizei bezeichnet werden müsse, recht bald auch in Berlin vergleichende Beobachtungen über die Höhen des Grundwassers und über den Gang der Morbilität und Mortalität der Bevölkerung anzustellen";[2]) er ist noch jüngst im Stadtmagistrat von Berlin für diesen Ausspruch der wissenschaftlichen Deputation für das Medicinalwesen eingetreten und hat selbst in der genannten Studie Grundwassermessungen für ein Bedürfniss erklärt.

Nach diesen Vorgängen könnte es überraschen, dass Virchow an den Ansichten, die auf die Beobachtung des Grundwassers geführt haben, noch so viel auszusetzen findet, dass mancher seiner Leser zu der irrigen Meinung verleitet werden könnte, Virchow

---

1) Canalisation oder Abfuhr? Eine hygienische Studie von Rud. Virchow. Berlin, Reimer 1869.
2) Ueber die Canalisation von Berlin. Gutachten der wissenschaftlichen Deputation für das Medicinalwesen etc. Berlin 1868.

sei eigentlich ein Gegner der Annahme vom Einfluss des Bodens und Grundwassers auf Cholera- und Typhus-Epidemien.

Ich fasse seine kritischen Bemerkungen von dem Standpunkte auf, dass sie Veranlassung werden sollten, um eine endliche Klärung verschiedener Anschauungen und Auffassungen herbeizuführen. Die Kritik hat das Recht und die Aufgabe, an allem zu rütteln, was sich für längere Zeit festsetzen will und irreleiten könnte. Was wohl begründet ist, muss Widerspruch ertragen können. Wenn ein Forscher vom Range Virchows sich die Mühe gibt, eine Sammlung noch bestehender Zweifel und Bedenken aufzustellen, so halte ich es für meine Pflicht, ebenso ruhig, aber auch ebenso rückhaltlos wie er darauf zu erwiedern. Ich thue es um so zuversichtlicher, als er selbst am Schluss die Hoffnung ausgesprochen hat, dass wir uns nun auf einem Wege nähern werden. Mir scheint es immer im Interesse der Sache und ihrer Entwicklung zu liegen, den Weg der Verständigung zu betreten und keine Gelegenheit zu versäumen, um Missverständnisse zu entfernen und sich klar zu machen, was man von einer Sache zu halten habe und was zunächst zu bearbeiten sei.

Es wird zum Verständniss beitragen, wenn ich, ehe ich auf eine Besprechung einzelner Fragen eingehe, einige allgemeinere Gesichtspunkte vorausschicke, die mich bei meinen Arbeiten geleitet haben. Als ich mich im Jahre 1854 mit der Verbreitungsart der Cholera zu beschäftigen anfing, konnte ich mich des Eindrucks sofort nicht erwehren, dass der menschliche Verkehr dabei eine wesentliche Rolle spiele. Ich fühlte mich sofort im Gegensatze zu den Anschauungen, welche in den dreissiger Jahren herrschend geworden waren, dass nämlich der menschliche Verkehr k e i n e n Einfluss auf die Verbreitung der Krankheit habe. Aber ich musste mir doch auch darüber Gedanken machen, was es für Gründe gehabt haben mochte, dass diese irrige Ansicht zu einer fast ausschliesslichen Herrschaft gelangen konnte. Die Geister waren damals von zwei wesenlosen Schulbegriffen gefangen genommen, die dogmatisches Ansehen erlangt hatten; man sagte und glaubte, die Cholera rühre entweder von einem von den Kranken ausgehenden Contagium oder von einem local und zeitlich spontan entstehenden Miasma her. Worin das Contagium, worin das Miasma bestehe, wusste Niemand zu sagen, ja man glaubte, dieses zu wissen sei gar nicht nöthig, um die Cardinalfrage der Verbreitungsart der Cholera zu entscheiden. Die langen Reihen von Thatsachen, welche oft in ganz schlagender Weise bald für Contagium, bald für Miasma sprachen, wurden citirt, nicht um thatsächliche naturwissenschaftliche Forschungen und Beobachtungen über Contagium und Miasma daran zu knüpfen, sondern nur um dem einen oder andern Schulbegriff zum Siege zu verhelfen, der immer unentschieden blieb, weil die Waffen der streitenden Parteien ziemlich gleich stark waren und desshalb ungebrochen blieben; man konnte ebensowenig läugnen, dass sich die Choleraepidemien mit grosser Vorliebe einerseits in der Richtung der grossen menschlichen Verkehrsstrassen fortbewegen, als anderseits an gewisse Gegenden und Orte hängen und andere trotz allen Verkehrs oft so auffallend verschonen.

Vom damaligen Standpunkte der Auffassung aus mussten diese beiden einzigen beobachtbaren Thatsachen der Verbreitung stets in unlösbarem Conflikte erscheinen, aber den Thatsachen hat man sich zu fügen, wenn man überhaupt einen Fortschritt in der Erkenntniss erwarten will.

Mir kam es weder unmöglich, noch unwahrscheinlich vor, dass durch den menschlichen Verkehr von einem Orte zum andern etwas, eine Substanz, verbreitet werde, die zu ihrem Leben, zu ihrer Fortpflanzung und Vermehrung, oder um wirksam zu werden, gewisse Bedingungen voraussetzte, die sich nicht überall und nicht immer, die sich an einem Orte mehr, an einem andern weniger finden. Ich fing an, die Choleraepidemien wie von einem Processe abhängig zu denken, zu dem der Verkehr mit Choleraorten wohl Veranlassung geben kann, insoferne dieser etwas specifisches mit sich bringt, was an dem andern Orte als eine Art Ferment oder Keim zu wirken im Stande ist, wenn es dort das geeignete Substrat für seine Entwicklung oder Wirkung vorfindet.

Nach dem Gefühl, welches mir die bereits vorliegenden Thatsachen aufdrängten, schien es mir hoffnungslos, dieses bedingende Substrat einfach im Menschen selbst zu suchen, wie es der Contagionsglaube thut. Es zeigen zwar verschiedene Menschen, auch in epidemisch ergriffenen Orten, einen sehr grossen Unterschied in ihrer individuellen Empfänglichkeit für Cholera, aber nicht entfernt einen so grossen und constanten, wie die verschiedenen Oertlichkeiten. Dieser ist so beträchtlich, dass er in den dreissiger Jahren den Miasmatikern fast zu einem vollständigen Siege über die Contagionisten verhalf. Mir wäre es wie eine Versündigung an den zahlreichen Lehren erschienen, welche uns die Geschichte schon Jahrzehnte lang in immer wiederkehrenden Thatsachen gepredigt hatte, wenn ich wieder auf einen Standpunkt zurückgegangen wäre, der keine andere Grundlage für sich hatte, als ein Wort, welches noch dazu keine Aussicht auf weitere thatsächliche Beobachtungen eröffnete.

Mir schien es mehr Erfolg zu versprechen, mit Untersuchungen über die Beziehungen der Oertlichkeit zur factischen Ausbreitung der Cholera zu beginnen. So wünschenswerth es wäre, den Cholerainfectionsstoff, den auch meine Ansicht als nothwendig voraussetzt, isolirt zu kennen, ebenso unerlässlich würde es auch dann noch sein, die örtlichen Bedingungen seiner Entwicklung oder Wirkung kennen zu lernen; die letztere Arbeit würde uns auch im Falle des Bekanntseins des ersten Gliedes der Kette nur erleichtert, aber nicht erspart sein, was umgekehrt ebenso ist. Ein blosses Suchen nach dem Cholerakeim erscheint mir vorläufig noch sehr Sache des Glücks oder Zufalls, während sofort bestimmte Resultate zu erwarten sind, wenn man die Unterschiede zwischen Oertlichkeiten prüft und feststellt, welche sich für Cholera empfänglich und unempfänglich erweisen. Die von mir eingeschlagene Richtung hatte vor dem blossen Suchen nach dem Cholerakeime das voraus, dass sie an bereits vorliegenden und zugänglichen, thatsächlichen Verhältnissen anzuknüpfen vermochte, die der Untersuchung und Vergleichung unterworfen werden konnten. Sie ist zwar grossentheils auch noch eine Rechnung mit vielen unbekannten Grössen, deren Werthe sich aber aus weiteren Forschungen und Beobachtungen allmälig ableiten lassen, und wenn der Ansatz richtig ist, muss sich zuletzt selbst der Cholerakeim daraus ergeben. Ich war immer der Ansicht, und bin es gegenwärtig noch mehr als früher, dass auf dem von mir eingeschlagenen Wege auch zuerst der durch den Verkehr verbreitbare specifische Cholerakeim gefunden werden wird, der mit diesen localen Verhältnissen in irgend einer Weise zusammenhängen muss, und den man einst unzweideutig an ihnen haftend erblicken wird, wenn sich unser Auge in Untersuchung und Beobachtung dieser örtlichen Verhältnisse hinreichend geschärft haben wird, wenn wir einmal nachweisen können, was in einem Orte vorhanden ist, an einem andern nicht, was zeitweise vorhanden ist und dann wieder verschwindet, wie die Krankheit selbst, deren örtliches und zeitliches Auftreten vorläufig den einzigen thatsächlichen Anhaltspunkt bildet, den wir haben. Den Keim anlangend, empfand ich nur das Bedürfniss, um den Gedanken einmal eine bestimmte, verfolgbare Richtung zu geben, ihn — wenn auch nur vorläufig und auf gut Glück hin — irgendwo zu localisiren, und mir schienen die Excremente der Menschen der nächste und beste Platz zu sein. Dieser Gedanke hat viel Beifall gefunden, wahrscheinlich weil er sich ganz den herrschenden Schulbegriffen von einem Contagium anschmiegte, ja ich habe in der Allg. Zeitung gelesen, dass das wohl mein einziges bleibendes Verdienst sein werde. Dagegen möchte ich mich verwahren, denn ich habe den Gedanken nicht erfunden, er ist wenigstens so alt wie die Cholera in Europa. Schon die Aerzte, welche die russische Regierung im Jahre 1829 der aus Asien gegen Europa heranziehenden Krankheit entgegenschickte, und die bekanntlich fast nur Contagionisten waren, localisirten das Contagium, den Keim der Cholera schon vorzugsweise in den Excrementen. Dr. v. Tilesius berichtet über diese ersten Berichte und sagt in seinem bereits 1830 bei Schrag in Nürnberg erschienenen Buche Ueber die Cholera und die kräftigsten Mittel dagegen Band 2 S. 44: „Ich bekümmere mich nicht so viel um die flüchtigen und fixen Ansteckungsstoffe und andere feine Distinctionen, aber das scheint mir wichtig, dass die Cholera durch die Abtritte so sicher ansteckt." Man scheint auch in der neuesten Zeit über diesen Gedanken noch nicht viel weggekommen zu sein; obschon man den Keim weder in den Abtritten noch sonstwo gefunden hat, glaubt die Mehrzahl der Aerzte doch noch, dass die auch von mir adoptirte hypothetische Localisirung eine richtige sei, selbst Virchow stellt es nicht in Abrede.

Gleichwie man den Keim, den der menschliche Verkehr verbreitet, irgendwo localisiren muss, um nur einmal mit Untersuchungen beginnen zu können, so ist es auch nothwendig, den Einfluss der Oertlichkeit, der ebenso eine unbestreitbare Thatsache geworden ist, in irgend einen bestimmten Theil oder Theile zu verlegen. Wenn man halb cholerakranke Orte vor Augen hat, wie ich z. B. in Nürnberg und Traunstein 1854 beobachten konnte, in denen die Häuser und die Menschen, die darin wohnen, in den immunen Theilen sich in gar nichts von denen in den ergriffenen Theilen unterschieden, weder in der Bauart, noch in Wohlhabenheit, Alter, Stand, Geschlecht, Gewohnheiten, Beschäftigung, Verkehr, Nahrung, Getränk; wenn ich ferner sah, wie die nur eine Meile entfernte, dicht bevölkerte Fabrikstadt Fürth mit dem einseitig-kranken Nürnberg durch stündliche Eisenbahnzüge ununterbrochen verkehrte, und trotz mehrfacher von Nürnberg, Augsburg und München eingeschleppter Cholerafälle doch von der Epidemie verschont blieb, so schien mir schon 1854 der Gedanke keine blosse Hypothese mehr zu sein, dass der Grund des Unterschiedes nur in dem Boden zu suchen sein könne, mit dem wir auf zwei Wegen beständig verkehren, durch das Medium der Luft und des Wassers. Diese bedingenden örtlichen Einflüsse im Boden zu localisiren, dafür hatte ich viel mehr feststehende Thatsachen vor mir, als für die Localisation des Einflusses des Verkehrs in den Excrementen, und ich kann wirklich nicht begreifen, woher es kommt, dass letzteres fast allen Aerzten so wahrscheinlich und ersteres so unwahrscheinlich vorkommt.

So lebendig in mir auch die Ueberzeugung war und ist, dass ich mich auf keinem Irrweg befinde, ebenso lebendig war und ist auch die Empfindung, wie weit und mühsam der Weg zum endlichen Ziele ist, wie wenig meine Kräfte allein genügen, das Ziel zu erreichen. Das durfte mich aber nicht abhalten, anzufangen und auch Andere zu ermuntern, sich auf diesen Weg zu machen. Ich habe auch nie gesagt oder geglaubt, dass ich zuerst oder allein die Thatsachen gefunden hätte, die meine Auffassung bestimmten, im Gegentheile habe ich in meinen Schriften wiederholt hervorgehoben, dass nicht nur Fourcault und Boubée in den vierziger Jahren in Frankreich, sondern bereits Jameson 1817 in Indien schon alle wesentlichen Thatsachen vom Einflusse des Bodens erwähnt haben.¹)

Alle diese Thatsachen waren aber bisher immer nur in dem Sinne aufgefasst und besprochen worden, um zu beweisen, dass die Cholera **nicht durch den Verkehr verbreitet** werde. Ich glaube bloss, der erste gewesen zu sein, der auf den unfruchtbaren Streit, ob Contagium oder Miasma, mit vollem Bewusstsein verzichtete, und in den feststehenden und immer wiederkehrenden Thatsachen, welche die beiden streitenden Parteien bisher jede für sich anführten, keinen Widerspruch mehr erblickte.

Ich habe auch den Alluvialboden und das Grundwasser nicht erfunden, wie Virchow richtig bemerkt, aber ich glaube zuerst unterschieden zu haben, dass im Alluvialboden die physikalische Aggregation und das Verhalten des Wassers und der Luft in ihm zu den organischen Processen wesentliche Unterschiede mit andern Bodenarten bedingen könnte; ich habe zuerst dem Worte Grundwasser eine bestimmte Definition gegeben, es als einen bestimmten, als den höchsten Grad der Feuchtigkeit in einer porösen Schichte bezeichnet, welcher die Poren vollständig mit Wasser erfüllt und die Luft vollständig austreibt, der nicht nur eine constante Quelle der Durchfeuchtung ist, sondern der sich unter Umständen auch wie kein anderer als Anhaltspunkt zur Bestimmung (Messung) des Wechsels der verschiedenen Durchfeuchtung der darüber liegenden, mit der freien Atmosphäre und mit der Luft unserer Wohnungen verkehrenden Schichte eignet.

Gründe für die Annahme eines Einflusses des Grundwassers auf die Frequenz von Cholera und Typhus.

Ich habe mir schon oft die Frage gestellt, ohne sie mir beantworten zu können, warum noch keiner meiner Gegner oder Kritiker sich die Mühe genommen hat, zu untersuchen, wie ich denn überhaupt auf die Idee von der Bedeutung des Grundwassers gekommen bin? Manche thun, als wäre ein plötzlicher, unvermittelter Einfall,

---

1) Siehe meine Abhandlung: Zur Frage über die Verbreitungsart der Cholera. München 1855 bei Cotta.

eine Art Hallucination über mich gekommen, die sich dann wie in einem kranken Gehirne zur fixen Idee ausgebildet hätte. — Ich kann diese Herren nur damit entschuldigen, dass sie sich noch nie die Mühe genommen haben, den Hauptbericht über die Cholera 1854 in Bayern von Seite 304 bis 332 mit Aufmerksamkeit zu lesen und zugleich die beigegebenen, dazu gehörigen Karten genau zu betrachten. Als ich mein Buch über die Verbreitungsart der Cholera 1855 schrieb, mit welchem sich die meisten begnügen, wenn sie von meinen Ansichten sprechen wollen, hatte ich selbst noch keine Ahnung von dem, was mir später das Grundwasser bedeutete; damals begnügte auch ich mich noch mit der altherkömmlichen Feuchtigkeit. Erst als ich die Ortsepidemien aus ganz Bayern auf den grossen Karten vollständig verzeichnet vor Augen hatte, sah ich, dass die Richtung der Verkehrslinien weder für das gruppenweise Auftreten von Ortsepidemien, noch für das gruppenweise Verschontbleiben eine Erklärung zu bieten vermag, dass im Allgemeinen nichts übrig bleibt, als die Lage der Orte in gewissen Flussthälern und Entwässerungsgebieten. Ich ersuche meine Gegner, diese Karten vor sich hinzulegen und einmal genau zu betrachten, sie spiegeln keine Theorie ab, sondern geben nur Thatsachen, und dann mögen sie mir ehrlich sagen, was sie auf Grund der Thatsachen, nicht auf Grund mitgebrachter Vorurtheile zu erwiedern haben.

Dass dieses Verhalten sich nicht bloss in Bayern zeigt, können sie aus Pfeiffer's Untersuchungen über die Choleraverhältnisse Thüringens,[1]) aus den Mittheilungen von Reinhard, „über die Ausbreitung der Cholera in Sachsen im Jahre 1866"[2]) und dem neuesten Berichte von Günther[3]) erschen.

Auch diese im Hauptberichte niedergelegte Beobachtung war für mich nicht neu, man hat ja schon 1817 und immer wieder die Vorliebe der Cholera, gewissen Strömen zu folgen, beobachtet, sie ist von mir nur vollständiger, und desshalb schlagender als bisher,

---

1) Zeitschrift für Biologie Bd. III S. 145.
2) Sitzungsberichte der Gesellschaft für Natur- und Heilkunde in Dresden 1868. S. 53.
3) Die indische Cholera 1866 im Regierungsbezirke Zwickau. Leipzig 1869 bei Brockhaus.

zur Anschauung gebracht worden, weil meine Darstellung nicht nur die Orte deutlich machte, welche Cholera hatten, sondern auch alle jene zugleich sichtbar sind, welche trotz allen Verkehrs keine hatten — und diese bilden sogar weitaus die Mehrzahl. Dass es in den Flussthälern überhaupt feuchter ist, als auf Anhöhen, vermag die in Bayern constatirten Thatsachen nicht zu erklären, denn z. B. der obere Theil des Paarthales (Landsberg, Mering bis Aichach) ist so feucht wie der untere (Schrobenhausen bis Ingolstadt), und doch treten die Epidemien nur im untern Theile auf. An der Donau zeigen sich die Epidemien nur von Donauwörth bis Regensburg — von Regensburg abwärts bis Passau erscheint keine mehr. Das Donaumoos zwischen Pöttmes und Ingolstadt ist umgürtet von Ortsepidemien, und mehr als 20 Ortschaften im Donaumoos, das über 4 Quadratmeilen misst, grösstentheils von den ärmsten Colonisten bevölkert ist, sind alle frei geblieben. Das Donaumoos könnte lehren, dass Feuchtigkeit und Armuth der Cholera sehr ungünstig sein müssen, weil es verschont geblieben ist.

Diese und ähnliche Thatsachen veranlassten mich, für den unleugbaren, von jeher der Beobachtung sich aufdrängenden Einfluss einzelner Stromgebiete und Wasserscheiden auf das zeitweise Vorkommen von Choleraepidemien einen Standpunkt zu suchen, der diese Thatsachen berücksichtiget und Anhaltspunkte für wirkliche Beobachtungen bietet. — Mir erschien das Grundwasser nicht mehr als blosse Bodenfeuchtigkeit, denn der Boden ist überall feucht, es erschien mir nicht als eine Schädlichkeit an sich, — denn ich hatte schon im Jahre 1856 viele Thatsachen vor mir, dass gerade die feuchtesten Zeiten und Orte der Cholera am ungünstigsten sein können, — ich habe nie und nimmer die Ansicht gehabt, die mir vielfach aufgebürdet wird, dass der Cholerakeim erst ins Grundwasser gelangen müsse, um Cholera hervorzurufen, sondern im Gegentheil oft darauf aufmerksam gemacht, dass das Wasser nicht der Ort für seine Entwicklung sein könne. Das Grundwasser erschien mir als ein zeitlicher Rythmus, als eine Aufeinanderfolge der Dauer und der Bewegung der Bodenfeuchtigkeit, kurz ich erkannte im Grundwasser und was mit ihm zusammenhängt ein der Untersuchung zugängliches zeitliches Moment, welches jenem Process im Boden bald günstig, bald ungünstig ist, der in irgend einer uns noch unbekannten Weise mit dem durch den menschlichen Verkehr verbreiteten specifischen Cholerastoff zusammentreffen muss, um Choleraepidemien zu erzeugen.

Ich habe es ausdrücklich dahingestellt gelassen, wie das X, was der Verkehr, mit dem Y, was der Boden liefert, zusammenhängt, ob sie sich im Menschen, oder im Boden oder in der Luft, in Abtritten oder Wohnungen begegnen müssen, um Choleraepidemien zu erzeugen, ich behaupte nur, dass beide nöthig sind, dass der Cholerakeim und der menschliche Organismus für sich allein nicht hinreichend sind, um das thatsächliche örtliche und zeitliche Auftreten der Choleraepidemien zu erklären, dass wir dafür nothwendig örtliche und zeitliche Momente aufsuchen müssen, wenn wir nicht auf jede Lösung der Aufgabe verzichten wollen.

Bis mir oder Anderen etwas Besseres einfiele, begann ich im März 1856 meine Beobachtungen über die Bewegungen des Grundwassers in München, und habe sie aus eigenem Antriebe und auf eigene Kosten bis zum Ende des vorigen Jahres regelmässig fortgeführt, wo sie das städtische Bauamt des Magistrats von München zur Fortsetzung übernommen hat.

München eignet sich wegen seiner höchst einfachen und gleichmässigen Bodenbeschaffenheit so gut, wie nicht jeder Platz für derartige Beobachtungen. Das Niveau der gegrabenen Brunnen gibt hier ein sehr genügendes Maass für den Rhythmus in der Grösse, der Dauer und dem Wechsel des Wassers im Boden. Ich habe meine meisten Erfahrungen an diesem Orte und in seiner nächsten Umgebung gesammelt, und fast nur von diesen gesprochen. Das hat nun bei Vielen, die sich keine besondere Mühe gegeben haben, sich auf meinen Standpunkt zu stellen, die irrige Vorstellung hervorgerufen, es müsse überall gerade so sein, wie in München, man könne diese Verhältnisse schablonenartig überall auftragen, und wenn sie nicht klappen, den Schluss ziehen, dass das Grundwasser ohne Einfluss sei. Ich habe doch seit meinen ersten Veröffentlichungen so oft gegen dieses Missverständniss angekämpft, dass ich denken sollte, es könnte gegenwärtig Niemand mehr im Unklaren sein, was ich unter Grundwasser verstehe, und welche Bedeutung

ich ihm beilege, wie weit ich davon entfernt bin, Grundwasser- und
Brunnenspiegel miteinander zu identificiren; dass mir das Wasser
in den Brunnen nichts weiter ist, als ein greifbarer Anhaltspunkt
für den Wechsel der Durchfeuchtung in der darüber liegenden
Schichte.

Seit ich die Grundwasserbeobachtungen in München mache, sind
Arbeiten in zwei Richtungen veröffentlicht worden, die mir den Einfluss
des Grundwassers mehr als alles übrige zu beweisen scheinen. Die
eine von Macpherson[1]) betrifft das zeitliche Auftreten der Cholera
in Calcutta, die andere von Buhl[2]) und eine daran sich reihende
von Seidel[3]) den Abdominaltyphus in München. Aus Macpherson's höchst werthvollen Angaben geht hervor, dass nach dem
Durchschnitt von 26 Jahren dort, wo die Cholera endemisch, wie
bei uns das Wechselfieber und der Typhus ist, auf ihre zeitliche
Frequenz kein Umstand auch nur entfernt eine so regelmässige und
tiefgehende Wirkung äussert, als der Unterschied in der Nässe des
Bodens, so dass in Calcutta in der heissen und nassen Jahreszeit gegen Ende der Regenzeit die Cholera am schwächsten, in der
ebenso heissen aber trocknen Jahreszeit am stärksten auftritt.
Das Minimum der Cholera im August verhält sich zum Maximum
im April dort nach dem Durchschnitt von 26 Jahren wie 1:6.

Macpherson hat zwar, wenigstens früher, die Ansicht gehabt,
dass der Regen und seine Wirkung auf den Boden nicht so wichtig
sei, wie die Temperatur der Luft, weil 3 Distrikte in Indien (Niederbengalen, Malabarküste, Malwah), in welchen die Cholera endemisch sei, sehr ungleiche jährliche Regenmengen (Malabarküste 120,
Niederbengalen 62, Malwah 30 engl. Zoll), aber gleich hohe mittlere
Jahrestemperatur (21.7—21.3—21.3° R.) hätten. Dieser Auffassung
steht das zeitliche Auftreten der Krankheit in diesen 3 Distrikten
schroff entgegen, welches zeigt, dass die Temperatur für sich ohne
Einfluss ist, denn auf der Höhe der Regenzeit, wo die Cholera am
geringsten ist, ist es eben so heiss, wie in der vorausgehenden
trocknen Cholerazeit. Das Maximum und Minimum der jährlichen

---

1) Cholera in its Home. London, John Curchill & Sons 1866.
2) Beitrag zur Aetiologie des Typhus. Zeitschrift für Biologie Bd. I S. 1
3) Ebendas. Bd. I S. 221 und Bd. II S. 145.

Choleraperiode zeigt also keine Unterschiede im Sinne der Temperaturverschiedenheit, wohl aber grosse Unterschiede im Sinne der Grundwasserverhältnisse. Macpherson hebt hervor, dass in den nordwestlichen Theilen Indiens (Malwah, Agra) die Blüthezeit der Cholera eine andere, als in Calcutta und Bombay sei, und in Agra z. B. das Maximum für die Cholera gerade in die ersten Monate der Regenzeit falle, — ich habe jedoch in meiner Abhandlung über Lyon nachgewiesen,[1]) dass darin kein Widerspruch liegt, weil in Agra die Regenmenge um mehr als die Hälfte geringer als in Calcutta ist, und der Regen mehr in Zwischenräumen und nicht entfernt so continuirlich wie am untern Ganges fällt. Auch in Agra hört übrigens die Cholera gegen das Ende der Sommerregen auf, und erscheint erst im nächsten Jahre in der heissen, dürren Zeit bereits einen Monat vor Eintritt der Regen heftig wieder. Die verhältnissmässig spärlichen und in grösseren Zwischenräumen fallenden Sommerregen vermögen den einmal entzündeten Process in Agra nur nicht so schnell wieder zum Verlöschen zu bringen, wie die fast unaufhörlich strömenden Sommerregen in Calcutta und Bombay: zuletzt aber werden sie ihm auch in Malwah und Agra Herr, wahrscheinlich unter Beihilfe der von den nahen Bergen allmälig, aber nachhaltig nachrückenden Mengen von Grundwasser.

Ich halte es zwar für selbstverständlich, dass Regen und Trockenheit nicht für sich, bloss als atmosphärische Vorgänge solche Wirkungen auf unsern Körper ausüben, sondern nur durch ihren Einfluss auf den Wassergehalt des Bodens; es gibt übrigens immer Einige, welche sich jezt hinter den Regen zu flüchten suchen, bloss um dem Wort Grundwasser zu entgehen. Diese mögen an jene zahlreichen Fälle erinnert sein, wo Städte, z. B. Nürnberg, ihre scharf begränzten Cholerabezirke, oder z. B. Weimar ihre scharf begränzten Typhusbezirke haben, obschon es über guten und bösen Bezirken gleich viel regnet. Niemand wird behaupten können, dass es auf der Sebalder Seite in Nürnberg mehr oder weniger regnet, als auf der Lorenzer Seite, oder in der Schillerstrasse in Weimar mehr, als in der Wagnergasse: immer kann es nur die Wirkung

---

1) Siehe Zeitschrift für Biologie Bd. IV S. 100.

des Regens auf den Boden, auf seine Grundwasserverhältnisse sein. Es sind übrigens aus Indien selbst durch W. R. Cornish,[1]) einen Arzt der Madras-Armee, Thatsachen bekannt geworden, welche die Ansicht von Macpherson über den Einfluss der Temperatur auf die Frequenz der Cholera nicht länger haltbar erscheinen lassen, und welche sehr zu Gunsten der Anschauung sprechen, die ich in meiner Arbeit über Lyon bezüglich der Cholerafrequenz in Bombay entwickelt habe. Die Mittheilungen von Cornish umfassen die monatlichen Choleratodesfälle in Madras während 10 Jahren, und es geht daraus hervor, dass Madras bei einer mittlern Jahrestemperatur von 21.6^0 R. und 50.7 engl. Zoll Regen, der sich ganz anders vertheilt als in Calcutta und Bombay, jährlich zwei Cholerazeiten hat, von denen die stärkere ihre Akme im Februar, die schwächere im September erreicht. Nach dem 10jährigen Durchschnitte fällt das erste Minimum der Cholera mit der grössten Hitze und Trockenheit des Jahres im Juni, das zweite Minimum im December mit der grössten Nässe des Bodens und sehr niedriger Temperatur zusammen. In Madras tritt also der von Delbrück bereits vorgesehene doppelte Fall[2]) ein, dass die Cholera einmal im Jahre wegen zu grosser Trockenheit, und einmal wegen zu grosser Nässe des Bodens nicht gedeiht. Die mittlere Temperatur des Juni (23.9^0 R.) und des December (19.0^0 R.) ist der Cholera gewiss nicht weniger günstig, als die Temperatur im Februar (19.7^0 R.) und im September (22.4^0 R.). Ich halte Madras für einen sehr dankbaren Platz für Studien über den Einfluss der Grundwasserverhältnisse auf die Cholerafrequenz.

Wir werden in nicht mehr sehr ferner Zeit bald genaueres über die Grundwasserverhältnisse einiger Gegenden Indiens hören, nachdem die englische Regierung die Herren Dr. Cunningham und Dr. Lewis für einige Jahre nach Indien geschickt hat, um sich dort nur mit Untersuchungen über die Aetiologie der Cholera zu befassen. Es dürfte aber nicht ohne Interesse sein, bei dieser

---

1) On the seasonal prevalence of Cholera in Madras. By W. R. Cornish, Surgeon, Madras Army. The Medical Times and Gazette. Volume I for 1868 p. 312.

2) S. Verhandlungen der Choleraconferenz in Weimar S. 23 und Delbrück's Bericht über die Choleraepidemie von 1866 in Halle.

Gelegenheit schon eine Beobachtung mitzutheilen, welche von Dr. John French in einer Militärstation bei Beauleah am Ganges, auf Veranlassung des Obersten Rigaud vom 60. Rifle-Regiment, gemacht worden ist. Ich verdanke die Mittheilung dieser mir höchst interessanten ersten Grundwassermessung in Indien der Güte des Professor Dr. Rolleston in Oxford, der mir den in einer amtlichen Beilage zur Calcutta Gazette vom 23. Septbr. 1868 enthaltenen Bericht von Dr. French zusandte. „Der dortige Boden ist sandig, stellenweise sandiger Lehm und daher porös für Wasser und Luft. Gleich allem Boden rings um die indischen Stationen wird er reichlich mit Excrementen-Stoffen beladen. Während der Regenzeit fliessen die Brunnen über, beim Herannahen der heissen und trocknen Jahreszeit sinkt dieses Grundwasser sehr schnell. Während der Choleraepidemie (vom 29. März bis 13. Mai) fand ich dieses Grundwasser 10 Fuss unter der Oberfläche." Man denke sich diesen mit organischen Stoffen reichlich beladenen Boden mehr als ein halbes Jahr lang unter Wasser, dann unter der Temperatur Indiens austrocknend! und es wird Niemand sich wundern, wenn das Wasser in den Brunnen dortiger Gegend im Liter bis zu 2 Grmm. Salpetersäure enthält, wie ich aus einer Mittheilung von Dr. Reich [„die Salpetersäure im Brunnenwasser und ihr Verhältniss zur Cholera und ähnlichen Epidemien S. 49 Berlin Voss. Buchhandlung 1869"] ersehe, d. h. zehmal mehr, als in den schlechtesten Brunnen von Berlin. Diese wichtige Arbeit von Reich ist ein neuer Beleg, wie verschieden stark die organischen Processe in verschiedenem Boden vor sich gehen, und wie proportional mit diesen Processen im Boden die letzte Cholera in Berlin verlaufen ist.

Andere Arbeiten über die Frequenz des Abdominaltyphus in München sprechen noch viel entschiedener für den Einfluss der Grundwasserverhältnisse eines Bodens. Die Arbeiten von Buhl und Seidel, denen sich meine Besprechung der Karte von Wagus über die Schwankungen der Typhusmortalität in München anschliesst, erstrecken sich bereits über so grosse Zeiträume, sind durch eine solche Genauigkeit und Unzweideutigkeit des Materials und der Methoden unterstützt, dass sie auf viel mehr Beachtung Anspruch

machen müssen, als ihnen im Augenblicke noch zugewendet wird.
Selbst Virchow geht sehr leicht darüber hinweg, und erwähnt die
Arbeiten von Seidel, eines Mathematikers ersten Ranges, gar nicht.
Virchow gehört gewiss nicht zu jenen Pathologen, welche sich
gegen eine Controle ihrer Beobachtungen durch die Wahrscheinlich-
keitsrechnung sträuben würden. Warum aber übergeht er einen so
exacten Beleg mit Stillschweigen? So lange die Rechnungen Seidel's nicht umgestossen werden können, müssen sie anerkannt werden, und wer ihnen die Anerkennung versagen will, ist verpflichtet,
das Irrige in ihnen nachzuweisen.

Man hatte bisher so vieles angegeben, was die Erkrankungen
am Typhus in München verursachen soll. Wenn wir viel Typhus
hatten, war es bald warmes, bald kaltes Wetter, bald zu nass, bald
zu trocken, bald war das schlechte Bier, bald schlechte alte Abtritte,
dann die neue Canalisirung, kurz alles mögliche an der Häufigkeit
der Erkrankungen Schuld. — Bei jeder neuen Typhusepidemie hörte
man einen neuen ätiologischen Vers. — Wenn man fragte, wo die
Beobachtungen sind, die alles mögliche glauben liessen, so waren
sie nirgend gemacht; weder vom Bier, noch vom Wetter, noch von
den Abtritten, noch von der Canalisirung und auch nicht vom
Trinkwasser war dargethan, dass sich im Einzelnen oder Ganzen
etwas so verändert hätte, wie die Häufigkeit des Typhus. Nun
kommt Buhl im Jahre 1863 auf den Gedanken, aus seinem Sections-
journal alle Typhustodesfälle im allgemeinen Krankenhause seit März
1856 — also seit die Grundwasserbeobachtungen von mir gemacht
waren — nach Monaten zusammenzustellen und sie mit der Bewegung
des Grundwassers nach Monaten zu vergleichen, also einer Reihe
von genau beobachteten Thatsachen mit einer andern Reihe von
ebenso genau beobachteten Thatsachen, die beide von jeder Theorie
unabhängig sind. Es hat sich bei dieser Gelegenheit das ersternal
eine regelmässige Coincidenz ergeben, die jedem unbefangenen Auge
sichtbar war, Sinken des Grundwassers Steigen des Typhus, und
umgekehrt.

Der Vertreter dieses ätiologischen Momentes hatte aber nicht
so viel Glück, wie die vom Einfluss schlechter Abtritte, schlechten
Trinkwassers, schlechten Bieres, schlechten Wetters, schlechter

feuchter Wohnungen, schlechter Kleidung; der Sprung vom bisherigen Maassstab, mit dem man nie etwas messen konnte, auf den Zollstab, dessen sich die Handwerker bedienen, war ja zu gross und gegen alles Herkommen.

Während man sonst alles als wahrscheinlich gelten liess, fand man das Grundwasser höchst unwahrscheinlich. Die Wahrscheinlichkeit ist seit Bernoulli ein mathematischer Begriff geworden, und Seidel berechnete sie für die Schlüsse von Buhl zu 36000 : 1; jetzt erschien dieser Einfluss Vielen erst recht unwahrscheinlich, wahrscheinlich weil die Wahrscheinlichkeit ausgerechnet war.

Es wurde häufig betont, die Zahlen von Buhl (bloss vom Krankenhaus) seien zu klein, und die Zeit (8 Jahre) zu kurz, um die Sätze von Buhl und Seidel gelten zu lassen. Da wurde die Karte von Wagus fertig, welche die Typhusmortalität der ganzen Stadt von 1850 bis Ende 1867 gibt, auf der von März 1856 bis December 1867 der Vergleich mit dem Grundwasser, also für fast 12 Jahre, möglich ist: das Resultat ist bekannt, die allergrösste Typhusepidemie in diesen 12 Jahren fällt zeitlich zusammen mit dem allertiefsten Grundwasserstande, die zweitgrösste mit dem zweittiefsten, die drittgrösste mit dem dritttiefsten. Ebenso klappt die Gegenprobe, die allergeringste Typhusfrequenz fällt mit dem allerhöchsten Grundwasserstande zusammen, die Zeit der zweitgeringsten mit dem zweithöchsten. Ebenso hat sich ergeben, dass das Material von Buhl, auf das Seidel seine Rechnung gründete, völlig genügend war. Die mittlere Typhusmortalität in der ganzen Stadt ergibt sich in Typhuszeiten um das 2.6 fache höher, als im allgemeinen Krankenhaus, und rechnet man mit dieser Zahl die Mortalität des Krankenhauses aus der Mortalität der ganzen Stadt oder umgekehrt, so erhält man für die monatlichen Durchschnitte so genaue Uebereinstimmungen zwischen Rechnung und Beobachtung, wie bei manchen chemischen Analysen, wenn man das Resultat des Versuchs mit dem, was die Formel verlangt, vergleicht.

Und das sind lauter Thatsachen, keine Theorie. Mein Verstand reicht nicht hin, zu begreifen, dass all' das doch noch der blosse Zufall gemacht haben könnte. Dass der Zufall so etwas nicht machen könne, dafür will ich ein paar schlagende Beispiele geben. Schon Seidel hat in der ihm eigenthümlichen scharfsinnigen Weise gezeigt, dass sofort alle Uebereinstimmung mit der Hypothese aufhört, sobald man die beobachtete Typhusmortalität mit den Regenmengen oder Grundwasserverhältnissen nachfolgender Zeiten vergleicht, dass sich also das, was bloss zufällig ist, auch rechnerisch als Zufall ergibt; während die Regenmengen vorausgehender Monate noch eine deutliche Wirkung auf die Typhusfrequenz nächstfolgender Monate zeigen, was also nicht zufällig sein kann.

Noch ein etwas drastischeres Beispiel. Seiner Zeit wurde in München das Gleichniss colportirt: wenn man das Schwanken der Geldcurse an der Frankfurter Börse und darunter den Typhus in München in Curven auftragen würde, so würden sich wahrscheinlich ganz ähnliche Coincidenzen, wie bei Typhus und Grundwasser zeigen. Dieser frivole Scherz in einer ernsten wissenschaftlichen Angelegenheit wurde Herrn Wagus einmal bei einer Gelegenheit geboten, wo er ihn sehr verletzen musste. Der damals schon lungenleidende, nun leider zu früh verstorbene, unablässig thätige Mann kam unmittelbar nach dieser Affaire zu mir und theilte mir seine Absicht mit, jetzt wirklich im selben Maassstab, wie seine grosse Mortalitätstafel von München, auch die Frankfurter Curse, Typhus und Grundwasser neben einander zu stellen. Ich suchte ihn vergeblich damit zu beruhigen, dass es ja doch bloss ein Scherz sei, wenn auch sehr am unrechten Orte angebracht, der die viele Mühe nicht rechtfertigen könne, die das Zusammenstellen der Frankfurter Curse von mehreren Jahren verursachen würde. Trotzdem erhielt ich nach einiger Zeit kurz vor seinem Tode eine Börsen-Typhus-Karte, die ich als Andenken an Herrn Wagus treu bewahren werde. Da das Grundwasser in München am 14. und 28. jeden Monats beobachtet wird, hat Wagus auch nur von diesen beiden Tagen den Stand der Papiercurse in Frankfurt nebst den Wechselcursen auf Paris und London graphisch dargestellt. Noch Jedermann, dem ich seitdem diese Karte zeigte, ist in Gelächter ausgebrochen, denn die ganze Albernheit und Ungerechtigkeit des Scherzes tritt hier in einem Bilde mit den grellsten Farben hervor. Zur Zeit unserer grössten Typhusepidemie im Winter $18^{57}/_{58}$ standen z. B. die österreichischen 5 % Nationalanlehen und Bankactien verhältnissmässig sehr hoch, die bayerischen Ostbahnen hingegen sehr tief. Zur Zeit der zweitgrössten Typhusfrequenz im Winter $18^{65}/_{66}$ war es gerade umgekehrt, da behaupteten die bayerischen Ostbahnen einen sehr hohen Stand, während die österreichischen Papiere weit unter dem Stande von $18^{57}/_{58}$ blieben. Die Schlachten von Solferino und Sadowa, dann auch die Luxemburger Angelegenheit riefen colossale Schwankungen der Curspapiere hervor, aber der Typhus von München kümmerte sich nicht im geringsten darum, seine Frequenz hält sich bis zum heutigen Tage nachweisbar nur ans Grundwasser.

Seidel sagt: „Wollte man sich die beiden Vorgänge (Grundwasserschwankung und Typhusfrequenz) gemeinschaftlich von einer andern Unbekannten abhängig denken, so müsste im vorliegenden Falle von der supponirten Unbekannten zugleich der Stand des Grundwassers, die Quantität der meteorischen Niederschläge und die Frequenz der Typhuserkrankungen regiert und in eine gewisse Uebereinstimmung gesetzt werden; und da diese Unbekannte der Einfluss der Jahreszeiten nicht sein kann, weil dieser in allen Zahlenreihen eliminirt worden ist, so kann keine andere plausible Erklärung aufgestellt werden, als die Annahme, dass unter den Münchner Localverhältnissen das im Boden enthaltene Wasser, wenn es reichlich genug vorhanden ist, den Ablauf gewisser Processe, welche für die Häufigkeit der Typhuserkrankungen maassgebend sind, verhindere oder einschränke."

Diesen Satz anzugreifen, wird für einen Forscher wie Virchow sehr schwer sein, da ihm eine Eigenschaft gänzlich abgeht, die manche meiner Gegner geradezu unüberwindlich macht. Herr Bezirksgerichtsarzt Dr. Vogt in Würzburg mag sich im Vergleich zu Virchow leichter thun, wenn er auf die Frage nach dieser räthselhaften Essentia quinta, von der nach Ausschluss der Jahreszeiten Typhus, Regenmenge und Grundwasserstand in München zugleich abhängig sein könnten, eine ganz bündige, nicht leicht misszuverstehende Antwort gibt,[1]) und sagt: „Wir wollen auf einige solcher Essenzen aufmerksam machen. Constante extreme Witterungsverhältnisse wirken nachtheilig auf den Körper, so anhaltende Trocken-

---

1) Aerztliches Intelligenzblatt 1869 Nr. 3 S. 20.

heit, insbesondere abnorm hoher Temperaturstand im Winter bei
anhaltendem Südwestwinde. Das wusste schon Vater Hippocrates, indem er den Aerzten empfiehlt, wenn sie wissen wollten,
woher die Krankheiten kämen, sollten sie die Winde betrachten.
Die Schlappwinter im Jahre $18^{57}/_{58}$, insbesondere $18^{52}/_{53}$ brachten
uns Typhusepidemien; als in Mitte Februar 1853 nach monatelang
herrschendem Südwestwinde Nordostwind eintrat, hörten die Typhuserkrankungen bei uns auffallend schnell auf. Bringen etwa die
Südwestwinde mikroskopische Krankheitskeime, emporgerissen aus
den Niederungen des tropischen Amerika? Diese Hypothese scheint
wenigstens plausibler, wie jene mit dem Fallen des Grundwassers.
Noch viele andere constante Schädlichkeiten, Misswachs, Aufenthalt
in engen, mit verdorbener Luft erfüllten Räumen, bringen den
nämlichen Ileotyphus hervor, wobei ich mich auch auf Virchow's
Vorträge über den Typhus berufe; derlei krankmachende Potenzen
hat Herr v. P. unberücksichtigt gelassen. Uebrigens ist nicht ausgeschlossen, dass — in München — bei sehr niederem Stande des
Grundwassers die organischen Theile des Trinkwassers eine besondere nachtheilige Wirkung äussern."

Was soll man zu einer Beweisführung sagen, in der fast jeder
Satz unbewiesen oder eine erwiesene Unwahrheit ist? Wenn die
Essenzen des Herrn Dr. Vogt eine Wirkung haben sollen, so muss
er zuerst beweisen, dass — wie es der Satz von Seidel verlangt
— nicht nur die Typhusfrequenz, sondern auch der Grundwasserstand und die Regenmenge von ihnen zugleich regiert wird. Wenn
Herr Dr. Vogt wirklich zu den constanten extremen Witterungsverhältnissen, zu anhaltender Trockenheit, zu hoher Wintertemperatur bei anhaltendem Südwestwind, zum Schlappwetter, Misswachs,
zu engen überfüllten Wohnungen, zur „animalisirten Luft" nur einiges
Vertrauen hat, so mache er doch ihren Einfluss auf die Frequenz
des Typhus u. s. w. anschaulich, wie es Buhl und Seidel gethan
haben. Dann erst könnte man darüber sprechen. Er wird es aber
wohlweislich bleiben lassen, denn er würde wahrscheinlich doch bald
selbst finden, dass damit nicht viel mehr Geschäfte zu machen sind,
als mit den Frankfurter Cursen. Dass — in München — die organischen Bestandtheile im Trinkwasser bei sehr niederm Grund-

wasserstande zunehmen, widerspricht geradezu den hierüber in München von Wagner gemachten Beobachtungen.[1]

Ein vorurtheilsfreier Beobachter muss jetzt schon sehen, dass der Einfluss von Grundwasser auf Cholera und Typhus exacter nachgewiesen ist, als der von andern ätiologischen Momenten, die man ohne alles Bedenken anerkennt, ja, dass die örtliche Frequenz des Typhus anlangend, einstweilen nur der Einfluss der Grundwasserverhältnisse (Wasserstand im Boden und Regen, der auf den Boden fällt) nachgewiesen ist.

Ich bin weit entfernt, allen übrigen gewöhnlich citirten Momenten jeden Einfluss auf die Krankheiten abzusprechen, namentlich der Armuth und ihrem Gefolge; sie alle mögen einen gewissen Einfluss äussern, aber nicht auf die zeitliche Frequenz dieser Krankheiten in einem Orte, da Armuth und Reichthum viel constanter sind, als die Frequenz der Krankheiten, sondern auf die individuelle Disposition, die zum Erkranken ausser der specifischen Ursache auch noch nothwendig ist. Ich halte es für dringend geboten, dass die Forschung von nun an genau unterscheide und untersuche, was auf die individuelle Disposition, was auf die specifische Krankheitsursache sich zunächst beziehen kann.

Ich glaube gezeigt zu haben, dass der Einfluss des Bodens und des Grundwassers im Grossen und Ganzen seine Berechtigung hat und nicht zu erschüttern ist, und gehe nun auf einzelne Punkte ein, die Virchow in seiner kritischen Studie berührt.

Virchow glaubt (S. 46), ich hätte die Ansicht: „In dieses Grundwasser gelangten auch die Dejectionsstoffe der Cholerakranken, und wenn das Grundwasser sinke, so bleiben die Theile derselben in den noch feuchten oder lufthaltig gewordenen Schichten des Bodens, und aus ihnen erzeuge sich gewissermaassen der Cholerakeim, möglicherweise ein besonderer Organismus."

Zwar bei der Unbestimmtheit meines Wissens und desshalb auch meiner zufälligen Aeusserungen über die noch völlig dunkle Art des Zusammenhangs zwischen Boden, Grundwasser und Cholerakeim kann ich mir viel gefallen lassen, weil da ja allerlei möglich

---

[1] S. Zeitschrift für Biologie Bd. II S. 289 und Bd. III S. 86.

ist; aber Virchow scheint mir sich doch eine etwas sehr unwahrscheinliche Vorstellung gemacht zu haben, der ich nie beipflichten möchte. Ich habe Seite 363 des bayerischen Cholerahauptberichtes das erstemal ein Bild von möglichen Veränderungen gegeben, welche in einem imprägnirten Boden durch Schwankungen des Grundwassers bezüglich der im Boden vorgehenden organischen Processe überhaupt hervorgerufen werden könnten, aber ich habe diese Processe ausdrücklich nur als disponirende, vorbereitende betrachtet und jede Art des Zusammenhangs mit dem Cholerakeim offen gelassen. Man kann sagen, dass ich auch darüber damals besser ganz geschwiegen hätte; aber nie habe ich gesagt, dass der Cholerakeim ins Grundwasser gelangen müsse, es war stets nur meine Ansicht, dass organische Processe im Boden auf irgend eine Art die örtliche und zeitliche Disposition veranlassen und bedingen. — Ich habe später eigens das Substantielle des Verkehrs mit x und das des Bodens mit y bezeichnet, und den Cholerainfectionsstoff ein Product aus beiden genannt, und dabei hervorgehoben, dass, so bestimmt die Thatsachen der Verbreitung der Cholera mich einen wesentlichen Einfluss des Bodens und seiner Grundwasserverhältnisse anzunehmen zwingen, sie uns noch gar nichts darüber sagen, wo x und y zusammentreffen, ob in oder ausserhalb des Organismus, ob im Haus, oder im Boden, viel weniger in welcher Schichte, und so ist es unmöglich, dass ich je die Vorstellung gehabt habe, die Virchow an die Spitze seiner Kritik setzt. Dass ich meine Ansicht mit einer nicht zu bestreitenden Deutlichkeit auch ausgesprochen, dafür bürgt mir die Abhandlung von Dr. Grashey über die Cholera im Juliushospitale zu Würzburg im Jahr 1866,[1] der den höchst merkwürdigen Verlauf der Krankheit, vorwaltend auf einem einzigen Flügel des Gebäudes, für Entscheidung einer dieser Fragen discutirt, wo x und y zusammengetroffen sein könnten.

---

[1] Die Choleraepidemie im Juliusspitale zu Würzburg. Von Dr. Hubert Grashey. Würzburg bei Stahel. Auch in den Verhandlungen der physikal.-medicinischen Gesellschaft in Würzburg.

Ueber porösen und compakten Boden.

Ebensowenig kann ich Virchow's Auffassung von meinen Nachweisen über den Einfluss des porösen Bodens beipflichten. Er sagt Seite 47: „Auch der festeste Fels hat gewisse Vertiefungen, Einsenkungen, Mulden und Thäler, welche mit losem Material gefüllt sind, bald grösser, bald kleiner. Auf diese Art kann leicht mehr bewiesen werden, als der Theorie dienlich ist." Wenn dem so wäre, hätte ich allerdings besser gethan, Zeit und Geld zu sparen, und weder nach Krain, noch viel weniger nach Gibraltar und Malta zu gehen. Was Virchow voraussetzt, findet sich allerdings überall, und wenn es sich blos um das gehandelt hätte, wäre ich nicht bis vor die Hausthüre, viel weniger hunderte von Meilen weit gegangen. Virchow bedenkt nicht, dass ich in Krain, in Malta und Gibraltar etwas ganz anderes constatirt habe, als was ihm vorschwebt. Ich will aus meinem Berichte über Krain[1]) ein Beispiel nehmen. Neustadtl (Novo mesto) an der Gurk betreffend, heisst es dort: „Bezirksvorstand Laschan führte mich nach dem Hause Nro. 22 in der Nähe des Hauptplatzes, wo eben ein Keller angelegt wurde, um mir als Antwort auf meine Fragen das Eingeweide des Berges zu zeigen. Ich war erstaunt über den Befund. Auffallende Zerklüftung und Spaltung des Gesteins, alle Klüfte und Spalten mit derselben lehmigen Erde ausgefüllt, welche die Oberfläche und die Höhen bedeckt. Bei dieser Combination von Felsen und Erde ist auch die Operation der Kelleranlage combinirt aus Sprengen mit Pulver, soweit Trümmer von compakten Felsen, und aus Arbeiten mit Pickel und Schaufel, soweit Erde zu entfernen ist. Der Keller war bereits bis zu etwa zehn Fuss unter die Oberfläche des Bodens gediehen. Vor dem Arbeitsorte lag das herausgebrachte Materiale in zwei Haufen gesondert, Bruchsteine und Erde. Der Haufen Erde war augenscheinlich grösser, als der Haufen Steine; man kann jedenfalls mit Sicherheit annehmen, dass bereits auf einer so kleinen Fläche, wie sie der Keller eines gewöhnlichen Hauses einnimmt, der Untergrund von Neustadtl mindestens bis auf zehn Fuss Tiefe in einer Schachtruthe zur Hälfte aus poröser Erde

---

[1]) Aerztliches Intelligenzblatt, München 1861, Nr. 7 bis 9.

besteht, welche für Wasser und Luft leicht durchgängig ist. Auf meine Frage, welche Laschan au die nur slowenisch sprechenden Arbeiter zu richten so gütig war, bis zu welcher Tiefe eine solche Mischung des Untergrundes sich zeige? erfuhr ich, dass dieser Befund erfahrungsgemäss sich gleich bleibe bis hinab zum Spiegel des Flusses. Die erdige Ausfüllung treffe man stellenweise feuchter und trockener. Derselbe Mann, welcher den Keller im Haus Nro. 22 ausarbeitete, war auch bei der Anlage eines Brunnens in der Probstei thätig gewesen, der vor einigen Jahren bis zum Spiegel der Gurk unter ganz gleichbleibenden Strukturverhältnissen des Bodens hinabgeführt wurde, ohne den gewünschten Erfolg, reichliches und wohlschmeckendes Trinkwasser zu erzielen. In der Mitte des Hauptplatzes der Stadt steht ein ebenso tiefer städtischer Brunnen, dessen Wasser nach Farbe, Geruch und Geschmack den durchgesickerten flüssigen Inhalt der Miststätten und Abtrittgruben verräth. Das Wasser dieses öffentlichen Brunnens wird deshalb auch nicht zum Trinken und Kochen verwendet. Fleisch in demselben gekocht, wird erfahrungsgemäss so roth, als ob man es mit Salpeterlauge behandelt hätte. Da nun das Haus Nro. 22 in nächster Nähe des am meisten von der Cholera ergriffenen Theiles von Neustadtl (Nro. 45 bis 101, den Hauptplatz bildend) sich befindet, da ferner der tiefe, theils gesprengte und theils gegrabene Brunnen auf dem Hauptplatze, dem wesentlichsten Schauplatze der Krankheit, die grosse Porosität und zum grossen Theile erdige Beschaffenheit des Bodens und dessen Erfüllung, man kann sagen Sättigung mit verwesenden organischen Stoffen gegen jede Widerrede beweist, so kann die Cholera in Neustadtl nicht nur nicht als Beweis gegen die Giltigkeit meiner Beobachtungen in Bayern, sondern sie muss als ein Beweis dafür angesehen werden."

Virchow selbst wird wohl zugestehen, dass ich mich in Neustadtl und noch vielen andern Orten in Krain, die ich näher besichtigt, nicht darum fragte, ob der dortige feste als compakt angenommene Fels nicht gewisse Vertiefungen, Einsenkungen, Mulden und Thäler habe, die mit losem Material gefüllt sind, sondern darum, wie der Baugrund unter den Häusern bis in eine gewisse Tiefe beschaffen sei, wie weit er von der Oberfläche an dem Eindringen von Wasser und Luft bis in gewisse Tiefen wesentliche Hindernisse bereiten könne, ob er sich in dieser Hinsicht überhaupt wesentlich verschieden vom gewöhnlichen Alluvial- oder Geröllboden zeige. Ich glaube nicht bloss, sondern ich weiss jetzt mit aller Bestimmtheit, dass der Fels, auf dem Neustadtl steht, sich nicht nur gegen die Cholera, sondern auch gegen Wasser und Luft ähnlich wie der Boden von München oder Berlin, aber ganz anders verhält, als der Felsen in Traunstein und Nürnberg. Ich habe ferner in Neustadtl gesehen, was ich übrigens auch schon in vielen andern Orten gesehen hatte, dass die Bodenverhältnisse entscheidender sind, als die socialen, indem dort gerade das ärmste Quartier von der Cholera regelmässig am meisten verschont bleibt, und der Theil, wo die Wohlhabenden wohnen, am meisten heimgesucht wird. In Adelsberg ist es wieder umgekehrt in dieser Beziehung. Virchow wird mir auch zugestehen, dass ich bei derartigen Untersuchungen mit möglichster Genauigkeit und Gewissenhaftigkeit zu Werke gegangen bin. Ich habe Zeit, Ort und Personen stets in solchem Umfang angegeben, dass meine Angaben jederzeit controlirt werden können. Meine Reise nach Krain wurde durch eine ernstliche Polemik von Dr. Drasche veranlasst, meine Resultate durften deshalb nicht im geringsten auf Nachsicht rechnen, und doch haben sie bis jetzt keine Widerlegung gefunden. Dass mir Dr. Drasche nichts mehr erwidert oder dass er meine Resultate nicht ausdrücklich anerkannt hat, kann ich doch nicht als eine Widerlegung betrachten. Eine Beobachtung kann nicht dadurch als widerlegt angesehen werden, dass man ihr einfach den Rücken wendet und nicht weiter davon spricht.

Ich kann daher die Ansicht Virchow's nicht theilen, dass es bloss von meinem guten Willen abgehangen habe, von den Dingen in Krain gerade so viel zu sehen, als mir dienlich war, und dass ein anderer vielleicht noch mehr gesehen hätte, als mir dienlich gewesen wäre. Es ist mein sehnlichster Wunsch, dass Jemand komme, der wesentlich noch mehr als ich sieht, — wir werden dann auch in der Erkenntniss wieder einen Schritt weiter machen.

Eben so wenig als meine Reise nach Krain und nach dem Karst

überflüssig war, wo ich ein Gebirge kennen lernte, das grossentheils wie der Boden von Neustadtl beschaffen ist, wo oft Flüsse in ihrem Laufe am Fuss von Bergen versiegen, um jenseits wieder zu entspringen (Poik, Unze, Laibach); wo man eine Vertiefung in den Felsen macht, um eine Schling- oder Versitzgrube für Wasser zu haben (Eisenbahnbau bei Adelsberg); wo die Dolinen oft ringsum die Drainage von einer viertel Quadratmeile empfangen (zwischen Karndorf und Schwerenbach) und doch an ihrem tiefsten Punkte kein Wasser für längere Zeit zu sammeln vermögen; wo ein (Zirknitzer) See ist, der an der nämlichen Stelle jährlich sowohl dem Nachen, als dem Pfluge den Zutritt gestattet, und wo auf derselben Stelle jährlich gefischt, gesät und geerntet, und gejagt wird; wo Orte auf felsigen Hügelkämmen liegen (Rasderto), und doch zeitweise ärger an Wechselfieber leiden, als viele niedrige Moorgegenden — ebenso wenig war meine Reise nach Gibraltar und Malta überflüssig. Das zeitweise heftige Auftreten der Cholera auf dieser Halbinsel und Insel, die sich als nackte Felsblöcke aus dem Meere erheben, schien nicht nur allen jenen, welche überhaupt jede örtliche Disposition läugneten, sondern auch jenen, welche sonst noch örtliche und selbst Bodeneinflüsse annahmen, als ein unwiderleglicher Beweis, dass wenigstens die Porosität des Bodens und das Grundwasser keine Bedingungen der örtlichen Disposition für Cholera sein könnten. Wie oft hatte ich es erleben müssen, dass mir nach stundenlangen Auseinandersetzungen über frappante Beispiele aus unserer nächsten Nähe mit Achselzucken bald halblaut, bald laut gesagt wurde: „Ja! Malta und Gibraltar!" Und namentlich nachdem ich in Krain und Altenburg gewesen war, wurden diese beiden Orte im Mittelmeer häufig als Stichwörter gebraucht. Ich schlug einmal in einer ärztlichen Gesellschaft allen Ernstes vor: die Gegner möchten einen Vertrauensmann wählen, der mit mir die Reise machen und die nöthigen Untersuchungen vornehmen sollte. Wer Unrecht hätte, sollte die Kosten tragen. Mein Vorschlag wurde nicht angenommen, und so entschloss ich mich endlich zur Reise auf eigene Kosten, nicht nur um die Bodenbeschaffenheit und die Grundwasserverhältnisse dieser Orte durch eigene Anschauung kennen zu lernen, und nebenbei auch die Immunität von Lyon genauer zu prüfen und einmal auch den Einfluss des Schiffsverkehrs an diesen isolirten Punkten im Meere etwas näher zu studieren, sondern auch um mit diesen typisch gewordenen Beispielen und den darauf gegründeten, ewig wiederkehrenden Einwürfen wo möglich für immer ein Ende zu machen.

Um nicht als Richter in eigener Sache zu erscheinen, habe ich vorläufig noch wenig von meinen eigenen Beobachtungen in Malta und Gibraltar gesprochen und mich in der Beilage zur Augsburger Allgemeinen Zeitung, Nro. 169—172 vom 17.—20. Juni 1868, wesentlich nur auf Thatsachen berufen, die von anderen constatirt worden sind, und zwar ohne jede Rücksicht auf meine Theorie und schon zu einer Zeit, wo ich selber noch nicht daran gedacht, nach diesen Orten zu gehen. Ich halte es im Interesse mancher Leser nicht für überflüssig, einiges hier zu wiederholen.

Die englische Regierung hat zu Anfang dieses Jahrzehnts genaue hygienische Untersuchungen ihrer Colonien, darunter auch ihrer Mittelmeerstationen, angeordnet, und den Haupttheil der Arbeit in die Hand eines ausgezeichneten Hygienisten, des Dr. Sutherland, gelegt, der sowohl durch seine ausgedehnte amtliche als auch schriftstellerische Thätigkeit in den weitesten Kreisen anerkannt ist. Sutherland hat, unterstützt von Localcommissionen, alle Untersuchungen an Ort und Stelle vorgenommen, und ich habe mich bei meiner Anwesenheit überzeugt, dass er genau beobachtet; in Malta und Gibraltar widersprechen ihm deshalb weder Thatsachen noch Personen. Der amtliche Bericht der Casernen- und Spital-Verbesserungs-Commission über den Gesundheitszustand der Mittelmeerstationen (London 1863) sagt über die Topographie von Gibraltar wörtlich:

„Der Felsen von Gibraltar ist eine luftige Halbinsel, welche in die Meerenge vorspringt und sich nahezu in einer Linie von Nord nach Süd erstreckt, 36° 6′ 20″ nördlicher Breite und 5° 20′ 53″ westlicher Länge. Die grösste Länge des Felsens von Forbe's Batterie bis zur Europa-Spitze ist etwa 4760 Ellen (1 Elle etwa 3 Fuss), und seine grösste Breite, von der Königsbastion bis zur Catalanbucht, etwa 1600 Ellen. Sein physikalischer Charakter ist der eines zerbrochenen felsigen Rückens, der nach Nord und Süd verläuft, sehr steile rauhe Abhänge an der West- und Südseite und senkrechte Abgründe an der Nord- und Ostseite hat. Die höchste Linie des Felsrückens, welche an einigen Stellen so schmal ist, dass man fast mit einem einzigen Schritt darüber setzen kann, ist in drei Hauptgipfel geschieden. Der eine, am nördlichen Ende, die „Felsenkanone" genannt, ist 1350 Fuss über dem Meeresspiegel; St. Georgs Thurm, gegen das südliche Ende oberhalb des Windmühlhügels, ist 1439 Fuss, und das Signalhaus, welches nahezu in der Mitte zwischen diesen beiden Punkten liegt, ist 1276 Fuss über dem Meeresspiegel.

„Von der Mitte des Rückens fällt eine Reihe von Terrassen und Abhängen von grösserer oder geringerer Breite und Neigung gegen West und Süd, von Gärten, Wegen, Strassen, Privatwohnungen, Batterien, Promenaden, Casernen und von der Stadt selbst eingenommen. Der grösste Theil der Stadt jedoch ist auf einer Böschung von rother Erde erbaut, welche sich vom Meeresufer den Abhang hinauf erstreckt, und hoch oben im Felsen in den Höhlen wieder erscheint. Eine ähnliche Böschung, aber von rothem Sand, erstreckt sich an der Ostseite vom Meer bis zu einer beträchtlichen Höhe den Felsen hinan. Die östliche Seite des Felsens wird vom Mittelmeer bespült, die Westseite von den Gewässern der Bucht von Gibraltar, und an der Nordseite ist er durch eine Zunge von Sand mit der Küste von Spanien verbunden, die, beiläufig eine Meile lang und eine halbe bis eine Meile breit, sich nur wenige Fuss über den Spiegel des Meeres erhebt und zur Regenzeit theilweise mit Wasser bedeckt ist. Hier findet man überall Wasser im Sand innerhalb 4 Fuss unter der Oberfläche.

„Der Fels besteht wesentlich aus einem harten Kalkstein-Conglomerat (Breccia), mit einigen wenigen Fossilien, die man in Höhlen findet. Es gibt einige grosse Höhlen mit thierischen Ueberresten, tiefe felsige Schluchten gegen das südliche Ende und grosse natürliche Gräben und Vertiefungen (Mulden) gegen Westen, welche das Regenwasser der höher gelegenen Abhänge auf den obern Theil der Stadt concentriren. Der Fels ist fast umringt vom Meer, und da er keiner besonderen Quelle von Malaria ausgesetzt ist, sollte er, was seine örtliche Lage betrifft, ein gesunder Platz sein.

Er hat aber einen verwundbaren Fleck von der allergrössten Bedeutung für die Gesundheit, und das ist die Böschung, auf welcher die Stadt erbaut ist, mit den Abhängen und Mulden über ihr. Wie bereits angegeben, besteht diese Böschung hauptsächlich aus rother Erde, einer Substanz, welche fähig ist, eine grosse Menge Wasser, oder irgendeine andere Flüssigkeit, die darauf gegossen wird, einzusaugen und zurückzuhalten. Sie war desshalb thatsächlich bisher auch eine beträchtliche Quelle der Wasserversorgung für die Bevölkerung. So viel Wasser schluckt diese eigenthümliche Erde, dass, als wir zu Ende der heissen Jahreszeit in Gibraltar waren, ein Durchschnitt derselben, in einer Strasse blossliegend, mit Feuchtigkeit gesättigt war. Wir werden auf diesen Theil des Gegenstandes zurückkommen, wenn wir die Frage der Entwässerung besprechen, aber im Vorbeigehen mag hier schon bemerkt werden, dass, wenn durch irgendeine fehlerhafte Anordnung im Bau oder Unterbau, oder durch irgendeine Fahrlässigkeit in der Haus- oder andern Canalisirung ein solcher Untergrund mit Feuchtigkeit oder Cloakenstoffen imprägnirt wird, er gewiss unter dem Einfluss einer hohen Temperatur, oder anderer begünstigender atmosphärischer Bedingungen, gefährliche und selbst tödtliche Malaria aushaucht."

Ich glaube es ist überflüssig, den Worten der Commission auch nur das geringste noch von meinen eigenen Beobachtungen in Gibraltar beizufügen, um zu beweisen, dass poröser Boden und Grundwasser auf diesem isolirten Felsen reichlich zu finden ist. In demselben Bericht findet sich (S. 72 bis 77) eine Tabelle, in welcher der Trinkwasserbezug aller einzelnen Häuser der Stadt, die mit der Besatzung mehr als 20,000 Einwohner zählt, aufgeführt ist, ob Brunnen oder Cisterne, oder Wasserleitung u. s. w. In Gibraltar finden sich mehr als zweihundert gegrabene Brunnen, die vom Grundwasser gespeist werden. In einem Theil der Stadt (Ragged Staff, in der Nähe der Alameda) befinden sich drei öffentliche gegrabene Brunnen, die gutes und reichliches Trinkwasser liefern, deren Wasserspiegel laut amtlichen Mittheilungen, die mir der Colonial-Secretary, Hr. Capitän Freeling, gemacht, 30, 13 und 9 Fuss von der Oberfläche entfernt ist.

Ich lade den Leser ein, mir nun auch nach Malta zu folgen.

Als ich, von Westen kommend, an den Ufern von Gozo und Malta vorüberfuhr, empfing ich allerdings den Eindruck einer so ausgeprägten Felsenlandschaft, dass ich auf den porösen Boden und das Grundwasser von Malta sehr gespannt war. Der Tourist, der sich mit dem blossen Ansehen begnügt, hätte bei diesem Anblick jedenfalls mehr Sicherheit im Lager meiner Gegner zu finden gehofft als bei mir. Auch bei der Einfahrt in den Hafen von Valletta änderte sich die Scenerie nicht zu meinen Gunsten. Die „Massilia" ankerte im Quarantäne-Hafen (Marsa Musciet) zwischen Valletta und Floriana, ein Nachen brachte mich die ununterbrochenen Felsenufer entlang an das Thor gegenüber dem Lazzaretto, ich stieg auf theilweise in den Felsen gehauenen Stufen empor, und betrat Valletta durch ein Thor, an welchem gleichfalls der natürliche Felsen unverkennbar hervorragte. Ich zweifelte aber deshalb doch keinen Augenblick, dass poröser Boden und Grundwasser für die Cholera-Epidemien auf Malta ebenso unerlässlich seien, wie im indischen Ganges-Delta oder auf der oberbayerischen Hochebene, und sollte für diese meine Ueberzeugungstreue bald überreich belohnt werden, in einer noch schlagenderen Weise selbst als in Gibraltar.

Ich bin auch in Malta so glücklich gewesen, Arbeiten und von anderen constatirte Thatsachen in solcher Menge vorzufinden, dass ich auch hier von meinen eigenen Beobachtungen Umgang nehmen und mich lediglich auf die Untersuchungen anderer stützen kann. Der amtliche Bericht über die englischen Mittelmeerstationen[1]) sagt S. 83 über die Bodenverhältnisse von Malta wörtlich:

„Die geologische Structur der Insel, unter Aufsicht und Leitung des Grafen Ducie und des Capitäns A. B. Spratt von der k. Marine bestimmt, scheint der tertiären Reihe anzugehören. Der unterste Felsen ist ein harter, halbkrystallinischer Kalkstein, der an verschiedenen Punkten längs der Küste und auch im Innern der Insel vorkommt, hauptsächlich längs der grossen Spalte, welche die Insel von Osten nach Westen durchzieht. Ueber diesem liegt eine Reihe weicher poröser Sandsteine von verschiedenen Schattirungen, gelb, röthlich und weiss, welche die Malteser Bau- und

---

1) Report of the Barrack- and Hospital-Improvement Commission on the Sanitary Condition and Improvement of the Mediterranean Stations. London 1863.

Filtrir-Steine liefern. Sie sind leicht zu bearbeiten und absorbiren eine grosse Quantität Wasser während des Regens. Alle ständigen Gebäude für Casernen und Spitäler auf der Insel sind mit diesen Sandsteinen construirt. Sie bilden die Oberfläche von drei Viertheilen der Grundfläche der Insel, die mittleren und östlichen Distrikte bedeckend.

„Ueber ihnen findet sich keine andere Formation, bis wir an das hügelige westliche Ende der Insel kommen, wo wir die Sandsteine von Mergel und buntem Sand überlagert finden, auf denen Lager von Korallenkalksteinen ruhen, die den ganzen höhern Grund bedecken."

In einem andern amtlichen Bericht ist sogar der Grad der Porosität des allgemeinen, man kann sagen des ausschliesslichen Baugrundes auf Malta quantitativ bestimmt. In dem Bericht von Dr. Leith-Adams und F. H. Welch im sechsten Bande der Medicinalberichte des englischen Kriegs-Medicinal-Departements für das Jahr 1864 heisst es Seite 331: „Die oberen Felsen, auf welchen die grösseren Städte und die Dörfer erbaut sind, sind entweder ein weicher poröser Kalkstein, oder, wie im Fall von Valletta und den benachbarten Städten, ein weicher Sandstein, welcher reichlich Wasser bis zum Betrag von einem Drittheil seines Umfangs einsaugt." Also 33 Procent Poren oder Zwischenräume! Genau dieselbe Zahl, die ich schon wiederholt für den Geröllboden von München angegeben habe, welche Angabe noch nie durch Versuche widerlegt worden ist, obschon sie von unwissenden Menschen häufig in Zweifel gezogen wird. Also auch in Malta stehen die Häuser auf einem Grunde, der bis in bedeutende Tiefen hinab — soweit er nicht mit Wasser voll getränkt ist — zum dritten Theil aus atmosphärischer Luft besteht!

Es ist in der That interessant, diesen Malteser Felsen noch etwas näher zu betrachten. Er wird mit der Säge oder dem Messer in beliebige Formen geschnitten, theilweise zu den zierlichsten Kunstgegenständen verarbeitet. Ein Block, in welchen eine Vertiefung, eine Art Schüssel, gehauen ist, dient als vortreffliches Filter für Trinkwasser sowohl in den Haushaltungen als auch auf den Schiffen der englischen Marine: ich habe solche Filter im besten Gange gesehen. Kaum dass man trübes Wasser oben aufgegossen hat, läuft es unten klar ab. Wie schwierig ist es bei uns, in einen Granit- oder Kalksteinfelsen ein Loch zu bohren, z. B. eine hölzerne Tafel oder ein Brett an einer solchen Felswand zu befestigen! Auf Malta geht das mit grösster Leichtigkeit. Man nagelt eine solche Tafel oder ein solches Brett mit einem gewöhnlichen Bretternagel an, und hat nicht zu besorgen, dass sich die Spitze umbiegt, wenn sie durch das Holz auf den Stein kommt; der Nagel dringt mit Leichtigkeit hinein, und hält so fest im Stein, dass viel früher das Holz vermodert und herunterfällt, ehe der Nagel losgeht. In die aus diesen Felsen gebauten Befestigungen ist es nicht leicht Bresche zu schiessen, die Kugeln verlieren sich in ihnen wie in Erdwällen oder Kugelfängen.

Diese von mancher Seite so angenehme Eigenschaft des Malteser Felsens wirkt sehr unangenehm und schädlich nach vielen andern hin. Es ist sehr schwer, irgend ein Mauerwerk herzustellen, das dem Eindringen des Wassers nur einigermaassen widersteht. Die Oberfläche der Strassen von Valletta ist nach dem Regen sehr schnell trocken, aber die Häuser, namentlich die Erdgeschosse, oft sehr und anhaltend feucht. Die unterirdischen Strassenabzüge, die Canalisirung von Valletta, sind meist einfach in den Felsen mit der Säge geschnitten oder mit dem Pickel gehauen. Wie viel unter solchen Umständen von dem flüssigen Cloakeninhalt in den Baugrund der Häuser versitzt, ist leicht zu bemessen, und auf Malta weiss Jedermann, wie schwer eine Cisterne für Regenwasser dicht zu machen und vor Jauche-Einsickerungen zu sichern ist. Ich stellte mich anfangs, wenn ich Fragen an die dortigen Sachverständigen richtete, nicht ohne Absicht auf den Standpunkt meiner Gegner, und musste mir manches Lächeln darüber gefallen lassen, dass meine mitgebrachten Vorstellungen gar so weit von dem wirklichen Sachverhalt entfernt waren. Herr Inglott, der als einflussreiches Mitglied der Regierung (Comptroller) allen öffentlichen Wohlthätigkeits-, Kranken-, Irren- u. s. w. Anstalten vorsteht, ein Mann mit ebenso viel Verständniss als Herz für seine Aufgabe, der schon viel gebaut hat, und der als geborner Malteser über alle Verhältnisse seiner Heimath wohl unterrichtet ist, schnitt mir zuletzt ungeduldig alle weitern Fragen über die Dichtigkeit und Trockenheit des Untergrundes von Malta ab, indem er sagte: ich müsse meine Vorstellungen gänzlich aufgeben; der Boden von Malta sei kein Fels in meinem Sinn, sondern ein Schwamm, getränkt und gesättigt mit jeder Art von Jauche. Fast dasselbe wiederholte mir Dr. Pisani, ein angesehener Arzt auf Malta und Professor an dortiger Universität.

Ich frage: auf welche Thatsachen stützten sich meine Gegner, als sie sich so wiederholt und hartnäckig auf Malta beriefen, während sein Boden nicht weniger porös ist als der von München oder Berlin? Es ist staunenswerth, welche Zuversicht nicht nur das Wissen, sondern auch das Nichtwissen verleihen kann.

Herr Inglott überzeugte mich in der einfachsten Weise an einer der höchsten Stellen von Valletta, in der Nähe des früheren Palastes der Johanniter von spanischer Geburt, auch von der Gegenwart des Grundwassers wenige Fuss unter der Oberfläche. Unter St. James oder Real Curtain (einem Zwischenwall) führt ein breiter Gang, welcher grösstentheils in den Felsen gehauen ist, nach den Wällen, die zwischen Valletta und Floriana liegen. Ich fand dort in der ersten Hälfte des Mai in grosser Ausdehnung noch Wasser durch die Decke sickernd. Solche Imprägnirungen des Gesteins mit Wasser werden nothwendig zeitweise in verschiedenen Jahrgängen und Jahren, proportional den atmosphärischen Niederschlägen, die in Malta grossen Schwankungen unterliegen, grösser und kleiner sein, ebenso wie in München.

Diese Thatsachen scheinen mir unwiderleglich darzuthun, dass es auch in Malta nach dem Aufhören der Winterregen lange Zeit hindurch Grundwasser in jener strengern Bedeutung des Wortes gibt. Prof. Pisani theilte mir im vorigen Herbste, während seines Aufenthaltes in München, noch nachträglich mit, dass es in Valletta und andern Städten nicht blos Cisternen, sondern an mehreren Stellen, wo der Sandstein dichter wird, auch Brunnen gäbe, die das ganze Jahr hindurch Wasser liefern, die er zu Beobachtungen auswählen werde.

Ich hoffe bald Zeit zu finden, weitere Mittheilungen über Malta und Gibraltar zu machen, namentlich dürfte der Einfluss zweier

„grosser natürlicher Gräben oder Vertiefungen, welche das Regenwasser der höher gelegenen Abhänge auf den obern Theil der Stadt Gibraltar concentriren," grosses Interesse bieten, wo immer der Hauptsitz der Epidemien ist. Die Cholera verläuft in Gibraltar wesentlich in der Richtung dieser Mulden mit abnehmender Intensität, und tritt in den tiefsten Theilen der Stadt gegen das Meer zu auffallend gelinde auf, wieder einer jener Fälle, in denen das Farr'sche Gesetz vom Einfluss der Elevation sich nicht zu bewahrheiten scheint, während jeder Widerspruch verschwindet, sobald man dieses Gesetz vom Standpunkte der Grundwasserverhältnisse aus interpretirt.

Nach meiner Erfahrung kann ich Virchow nicht beistimmen, wenn er sagt: „Einem aufmerksamen Beobachter werden sich daher an allen möglichen Orten feuchte, vom Wasser und unreinen Flüssigkeiten durchtränkte, mehr oder weniger poröse Schichten oder Lagen darbieten, welche sich der Theorie anpassen, so dass es wahrscheinlich keinen Ort, wenigstens keine Stadt geben dürfte, wo derartige Untersuchungen nicht mit Erfolg gekrönt werden möchten."

Virchow hat hier gleich meinen Gegnern übersehen, dass in Bodenverhältnissen, die so leicht zu Gunsten meiner Ansicht gedeutet werden können, nie ein wirksamer Gegenbeweis gesucht werden kann; um einen solchen aufzufinden, müsste man das Augenmerk gerade auf die entgegengesetzten Verhältnisse richten. Sobald man das aber thut, sieht es trostlos aus für meine Gegner.

In den Städten, wo selbst der festeste Fels gewisse Vertiefungen und Mulden hat, die mit losem Material gefüllt sind, gibt es doch auch viele Stellen, wo das nicht der Fall ist, wo die Häuser wirklich auf festestem Fels ohne diese porösen Füllungen stehen. Ein Fall, wie ihn Virchow voraussetzen muss, ist meines Wissens noch nicht constatirt worden. Einen sehr lehrreichen Fall vom Vorkommen einer Choleraepidemie auf Granit hat Büttner bei der Choleraconferenz in Weimar (S. deren Verhandlungen S. 25 und 26) mitgetheilt. Es war in Seidau, einer Vorstadt von Bautzen, die auf Granit liegt, wo aber auch die Untersuchung ergeben hat, dass die epidemisch ergriffenen Ortstheile in einer Granitmulde liegen, die mit einer 8 Fuss mächtigen Alluvialschichte ausgefüllt ist, in der sich zeitweise so viel Grundwasser sammelt, dass es zu Brunnen dient und bei hohem Stande die Keller Monate lang unter Wasser setzt, dass hingegen eine Anzahl Häuser, welche unmittelbar auf compaktem, undurchlässigem Granit liegt, von der Epidemie verschont geblieben ist, während rings herum Erkrankungen und Todesfälle vorkamen. Wenn der Einwurf Virchows Geltung haben soll, hätte sich die Epidemie auch in den letzteren Häusern festsetzen müssen, und nicht bloss in den ersteren.

Solcher Fälle liessen sich noch viele aufführen, ich will nur kurz an einige noch erinnern. Im bayerischen Hauptberichte S. 89 bis 98 ist das Vorkommen einer verheerenden Ortsepidemie auf einem Juraplateau besprochen, welche nicht nur durch ihr vereinzeltes Auftreten und durch ihre Heftigkeit (sie tödtete 33 pro Cent der Einwohner), sondern auch als ein scheinbarer Beweis gegen den schützenden Einfluss des compakten Felsengrundes damals Aufsehen erregte. Vier Fünftel dieses unglücklichen Dorfes (Kienberg) liegen in einer mit Alluvium ausgefüllten Mulde des Juragesteins, in dem letzten Fünftel, welches wieder auf compaktem Gestein liegt, kamen nur im Wirthshause Erkrankungen vor. In einem benachbarten Dorfe (Trugenhofen) wurden sämmtliche Choleraleichen von Kienberg begraben, ohne dass sich die Epidemie dorthin verbreitete. Die Häuser in Trugenhofen stehen auf einem Grunde, wie ihn der verschonte Theil von Kienberg hat.

Ebenso erinnere ich an einen andern Fall in meinem Berichte über Krain im Bezirke Adelsberg: „Während unserer Wanderung theilte mir Dr. Raspet aus seiner damaligen Eisenbahnbau-Praxis zwei höchst wichtige Belege für den Einfluss des compakten und nicht compakten Untergrundes auf die Entwicklung der Choleraepidemien mit. Er hatte in seinem bahnärztlichen Distrikte auch zwei grosse Steinbrüche, in welchen die Arbeiter casernirt waren. In einem dieser Steinbrüche, Osionica, wurde gewöhnliches zerbröckeltes Karstgestein gewonnen, was wie anderwärts Schotter oder Geröll zur Herstellung des Bahnkörpers verwendet wurde, im andern Steinbruche, Risnik, wurde guter Baustein aus einer compakten Parthie des Gebirges gebrochen. In jedem der beiden

Steinbrüche arbeiteten mehr denn hundert Menschen. Allen war es ein Räthsel, warum die Cholera unter den Arbeitern des Steinbruches Osionica so zahlreiche Opfer forderte, während sich unter den Arbeitern des Steinbruches Risnik nur ein einziger und zwar verschleppter Fall ereignete, welcher keine weitern Folgen hatte. Als aber später der Petechialtyphus, eine im strengsten Sinne contagiöse Krankheit unter den Eisenbahnarbeitern ausbrach, hatten die Arbeiter in Risnik nicht weniger davon zu leiden, als es an allen übrigen Orten der Fall war."

Ich habe mich ferner auf meiner Reise im vorigen Jahre in Marseille wieder überzeugt, dass es auch in dieser wegen ihrer Choleraepidemien bekannten Seestadt grössere Distrikte gibt, welche von der Epidemie stets verschont bleiben, und dass diese immunen Theile unmittelbar auf dem Felsen liegen, auf dessen Spitze weit in die See schauend die Kirche Notre Dâme de la Guarde thront, während der Schauplatz der oft mörderischen Epidemien der von den Geologen sogenannten Ebene von Marseille angehört, welche von dem Flusse l'Huveaune bewässert wird. Dr. Paul Picard, einer der bedeutendsten Aerzte in Marseille, der im Jahre 1854 Schüler Virchows in Würzburg war, hat sich während meines Aufenthaltes die Zeit genommen, mich an alle für den örtlichen Verlauf der Cholera lehrreiche Stellen zu bringen und selbst Grundwassermessungen in einigen Quartieren mitzumachen. Er führte mich zuletzt bei Professor Cocquand ein, dessen Name als Geognost in Deutschland ebenso, wie in Frankreich bekannt ist. Das Vorkommen der Cholera in Marseille wurde mir auch schon von Vielen, die Südfrankreich bereist hatten, als Beleg gegen den Einfluss des Bodens entgegengehalten. Ich habe mich nun überzeugt, dass diese Herren Reisenden nur an Notre Dâme de la Guarde denken, wenn sie von der Bodenbeschaffenheit von Marseille sprechen. Cocquand übergab mir zuletzt folgende kurze Beschreibung: „Marseille ist auf mitteltertiärem Boden (Miocäne) erbaut. Dieser Boden ist wesentlich aus Puddingstein, Thon, Sandstein und losem Sande (von den Provençalen saffre genannt) zusammengesetzt. Dieser Boden, welcher die sogenannte Ebene von Marseille (eine Mulde) bildet, ist sehr durchgängig für Wasser, das er mit Leichtigkeit ansaugt, und das man sich in allen Häusern in Brunnen von geringer Tiefe verschaffen kann."

„Der tertiäre Boden wird von allen Seiten, ausgenommen gegen das Meer, von hohen Kalkbergen beherrscht, die nackt und ganz wasserleer sind. Diese Berge gehören der Kreideformation an."

„Die Bergkette, welche die Mulde der Ebene von Marseille gegen Norden begränzt, heisst die Stern-Kette, und diejenige welche sie gegen Süden beherrscht, heisst die Kette von St. Cyr (646 Meter hoch)."

Und auf einem dieser nackten, wasserleeren Kalkfelsenberge liegt das immune Quartier von Marseille.

Ich hoffe, Virchow überzeugt zu haben, dass es gut sei, das thatsächliche Vorkommen der Choleraepidemien auf verschiedenem Boden genau zu constatiren, die Bodenverhältnisse vorurtheilsfrei mit einander zu vergleichen und namentlich den Boden der Orte in der Nähe und genauer als meine Gegner anzusehen, und es erscheint ihm vielleicht nicht mehr überflüssig, dass ich nach Krain, Lyon, Marseille, Gibraltar und Malta gegangen bin.

Es ist doch sehr auffallend, dass sich auch in zahlreichen solchen Orten mit festem Fels die Cholera epidemisch bisher nur immer an solchen Stellen gezeigt hat, die sich so leicht der Theorie anpassen, und dass sich die entgegengesetzten Fälle noch nie der Beobachtung aufgedrängt haben, wie es bei den andern so häufig geschehen ist. Das hat doch sicherlich auch seinen Grund in der Natur der Sache, und vielleicht den nämlichen, warum in den Alluvialebenen überhaupt die Cholera durchschnittlich viel häufiger und heftiger auftritt, als im Gebirge.

In neuester Zeit noch hat allerdings Herr Bezirksgerichtsarzt Dr. Vogt (Amtlicher Bericht über die Epidemien der asiatischen Cholera des Jahres 1866 in Unterfranken in Bayern Seite 48) einen Fall mitgetheilt, durch welchen er sich zu dem Ausspruche berechtigt hält, dass eine Choleraepidemie auch ohne alle Mitwirkung von porösem Boden und Grundwasser möglich sei. In Rothenfels soll der feste blanke Fels die Probe nicht bestanden haben. Herr Vogt sagt: „Der Berg stellt eine oft senkrecht aufsteigende mächtige Felswand von buntem Sandstein dar. Die Sandsteinwände haben zahlreiche sie durchsetzende Sprünge, feine Klüfte. Alle Häuser des Berges haben daher, **auf blankem Fels** ruhend, kein Grundwasser."

Welch ein unvorsichtiger Achilles aber Herr **Vogt** in seiner Kampfhitze ist, der selber mit lautem Feldgeschrei dem Feinde mittheilt, an welcher Stelle er leicht und tödtlich verwundbar ist, geht aus dem unmittelbar Nachfolgenden hervor: „Dennoch aber sind diese Wohnungen die feuchtesten. An den kalten Felswänden schlägt sich die Feuchtigkeit der Luft nieder; es dringen auch aus den Spalten der Felsen Wässer durch, besonders nach langem Regen, da der Berg sich hoch zur Spessarthöhe erhebt; die Feuchtigkeit kommt hier von oben, von der Seite, statt von unten."

Ein Felsen, durch den zeitweise so viel Wasser dringt, dass alle Häuser darauf feucht werden, muss doch sehr porös sein, und dass dieses Grundwasser von oben und von der Seite, und nicht von unten kommt, kann doch keinen wesentlichen Unterschied bedingen. Eine nähere Bestimmung der Porosität dieses Buntsandsteines würde wahrscheinlich ergeben, dass er nicht viel compakter ist, als der Sandstein von Malta. Es wäre der Mühe werth, die Grundwasserverhältnisse in diesem blanken Fels regelmässig zu beobachten, sie würden dann wahrscheinlich die Zeit des Ausbruchs der Epidemie erklären.

Ich fühle recht wohl, dass man, die Porosität des Bodens betreffend, noch viele Fragen stellen könnte, die vorläufig nicht zu beantworten wären. Eine der wichtigsten z. B. scheint mir die nach dem geeignetsten oder dem genügenden Grade der Porosität zu sein, dann nach der Tiefe und Mächtigkeit der porösen Schichten. Die quantitative Seite dieser Momente haben die Untersuchungen bisher noch viel zu wenig berücksichtigt, um darüber bereits abschliessende Angaben in bestimmten Zahlen geben zu können. Es ist jedoch eine natürliche Entwicklung der Dinge, zuerst die Qualität und dann die Quantität festzustellen. Es wäre ein grosser Irrthum, aus der gegenwärtigen Unvollständigkeit und Lückenhaftigkeit unserer Kenntnisse einen Beweis gegen die Richtigkeit einer Anschauung entlehnen zu wollen, die sonst von so vielen Thatsachen in unzweideutiger Weise unterstützt wird.

Fr. Pfaff in Erlangen hat uns in seiner Untersuchung über das Verhältniss verschieden hoher Schichten ein und desselben Bodens zu gleichen Mengen atmosphärischer Niederschläge gezeigt,[1] wie viel wir noch zu lernen und zu beobachten haben, und wie irrig Voraussetzungen sein können, die wir vom gegenwärtigen Standpunkte unseres Wissens aus über den Boden machen, und welche unerwartete Resultate da oft kommen können. Im Ganzen scheint es sich nicht um sehr feine, sondern um ziemlich grobe Unterschiede zu handeln, die aber, so grob sie sind, bisher doch unbeachtet geblieben sind.

In Krain, Malta und Gibraltar wenigstens liegt nicht etwa bloss eine Anätzung, oder einige Sprünge in einem compakten Felsen vor, oder eine dünne Bedeckung mit einer porösen Schichte darüber, sondern eine derartige massenhafte Vertretung des porösen Materiales und bis in so bedeutende Tiefen hinab, dass der Baugrund eines Hauses mehr als den dritten Theil seines Volums Wasser oder Luft enthalten kann; viel mehr beträgt ja diese Grösse auch nicht beim Alluvialboden, und solche Grössen geben doch jedenfalls ein Recht, ihnen auch eine Wirkung zuzusprechen. In der Constatirung solcher Thatsachen, in der damit verbundenen natürlichen Entwicklung und Erweiterung der Erfahrungen und in der Zurückweisung von Einwürfen, die ohne Berechtigung und von Dingen hergenommen werden, die theils noch unerforscht sind, theils mit der Sache in keinem Zusammenhang stehen, möchten meine Gegner immer nur zu gerne nichts als ein beliebiges Zurechtlegen verschiedener, widersprechender, unliebsamer Umstände erblicken; — Viele zeihen mich, wenn vielleicht auch nicht gerade der Unehrlichkeit, so doch eines nicht ganz ohne Absicht getrübten Blickes, der die Dinge nie in ihrer wirklichen Lage erschaut, während ich doch nur Thatsachen in grösserem Umfang aufsuche und genauer zu constatiren strebe, als sie es thun. Ich habe an die Stelle von Contagium und Miasma, die sich jeder Untersuchung noch entziehen, Verkehr, Boden und Grundwasser gesetzt, die man genau untersuchen kann. Es dürfte doch endlich bald Zeit sein, dass die

---

[1] Siehe Zeitschrift für Biologie Bd. IV S. 240.

Herren ihre geflügelten Worte sparen, bis sie einmal mit ebenso genau und in einem bestimmten Sinne beobachteten Thatsachen auftreten und damit die Irrthümlichkeit oder Entbehrlichkeit meiner Ansichten beweisen können.

Das Grundwasser als Quelle und Maassstab der wechselnden Bodenfeuchtigkeit.

Aber nicht nur den Einfluss des Bodens, sondern auch den des Grundwassers betreffend, befindet sich Virchow vielfach auf einem andern Standpunkte als ich. Virchow befürchtet zunächst, ich berücksichtige „zu wenig die blosse Bodenfeuchtigkeit gegenüber dem Grundwasser". — Es ist ein blosses Missverständniss, was uns hier trennt. Ich habe bereits vor 4 Jahren[1]) gesagt, „die Cholera werde begünstigt durch eine zeitweise grössere Schwankung im Feuchtigkeitsgehalte der porösen Schichte, welche sich im Alluvialboden am einfachsten und zuverlässigsten in dem wechselnden Stande des Grundwassers ausspricht." Das Grundwasser ist mir nie als etwas anderes erschienen, als eine constante Quelle der Durchfeuchtung der darüber liegenden porösen Schichten einerseits, und als das einzige zugängliche Mittel, die Veränderungen in der Durchfeuchtung der darüber liegenden Schichte mit einem Maasse zu verfolgen anderseits. Ich habe mich darüber erst kürzlich wieder in meiner Arbeit über Lyon hinreichend ausgesprochen. Ich mache nicht den mindesten Anspruch darauf, das Grundwasser erfunden zu haben; es wäre auch kein grösseres Verdienst, als die Bodenfeuchtigkeit oder den Sumpfboden zu erfinden, aber man wird mir nicht bestreiten können, das Grundwasser zuerst als einen in vielen Fällen genügenden Maassstab für die Menge und den Wechsel der Bodenfeuchtigkeit erkannt und in die Beobachtung eingeführt zu haben. Dass ich diess mit Bewusstsein und aus einer bestimmten wissenschaftlichen Ueberzeugung gethan habe, dafür, glaube ich, können meine Grundwassermessungen in München als Beleg gelten, die ich seit März 1856 aus eigenem Antrieb unternommen und auf eigene Rechnung 13 Jahre lang fortgesetzt habe. Dass meine Ueber-

---

1) Ueber die Verbreitungsart der Cholera. Zeitschrift für Biologie Bd. I S. 355.

zeugung nicht auf Täuschung beruhte, haben die Resultate seit 14 Jahren gezeigt. Ohne diese Messungen würden die Arbeiten von Buhl und Seidel über den Typhus von München nie entstanden sein, ja sie wären unmöglich gewesen. Wenn diese Arbeiten auch die einzige Frucht wären, die meine Idee vom Grundwasser bringen könnte, so würde ich sie schon nicht mehr für überflüssig halten.

Ich erkenne sehr gerne das Unvollkommene meines Maassstabes an, und bin sehr gerne bereit, einen bessern anzuwenden, wenn mir Jemand einen bezeichnen kann, aber ich gebe nicht zu, dass es kein Maassstab sei. Virchow scheint das auch nicht bestreiten zu wollen, da er in neuerer Zeit den gleichen Maassstab auch für den Boden in Berlin wiederholt und warm empfohlen hat. Wenn wir künftig auch einen viel bessern Maassstab und eine bessere Methode bekommen, so bleibt die Thatsache doch unverändert stehen, dass der Wechsel der Bodenfeuchtigkeit nach meiner unvollkommenen Methode zuerst in bestimmter Absicht messend verfolgt worden ist, dass ich zuerst das Bedürfniss nach solchen Messungen wachgerufen und damit auch zu allen künftigen Verbesserungen den Anstoss gegeben habe.

Ich habe nicht das mindeste dagegen, wenn jetzt manche meiner Gegner, welche sich vor dem Grundwasser nicht mehr recht zu retten wissen, ausrufen, die ganze Grundwasserhypothese löse sich in die altbekannte Bodenfeuchtigkeit auf, sie kommen dadurch — aber nur später — auf denselben Standpunkt, den ich schon vom Anfang an einnahm. Wie sehr sich diese guten Herren aber selbst täuschen, wenn sie glauben, mein Standpunkt sei desshalb kein neuer, geht aus der nur an der Hand der Grundwasserhypothese gefundenen, unwidersprechlichen Thatsache hervor, dass in München ganz im Gegensatz zur bisherigen Annahme, je feuchter der Boden wird, desto weniger Typhusfälle vorkommen, was doch mit der gewöhnlichen alten Lehre vom Einfluss trockener und feuchter Orte in einem unvereinbaren Widerspruche steht.

Virchow fragt auf Seite 48: „Muss denn das mit unreinen Stoffen gemengte Grundwasser erst sinken, um einen Theil seiner Unreinigkeiten in dem nun dem Eindringen der Luft zugänglichen

Boden zurückzulassen, damit der supponirte organische Prozess darin vorgehe? Kann denn nicht ein poröser Boden mit unreinen Flüssigkeiten sich unvollständig tränken, so dass er feucht wird, ohne jedoch Grundwasser zu bilden?.... und Ausgangspunkt für mancherlei neue Gestaltungen werden?" An die Spitze dieser Möglichkeiten, die zu bestreiten ich keine Veranlassung habe, stellt Virchow wieder seine mir irrig zugeschriebene Ansicht, als müsse die Unreinigkeit ins Grundwasser verlegt werden. Ich habe schon oben nachgewiesen, dass das unreine Grundwasser für mich nicht schlimmer ist, als wenn es destillirtes Wasser wie der Regen wäre. Ich frage aber, wie weit sich diese Möglichkeiten in Thatsachen aussprechen und nachweisen lassen. Auf den Typhus und München angewendet, bestehen diese Möglichkeiten fortwährend, denn selbst beim höchsten Grundwasserstande sind noch mindestens 12 bis 15 Fuss Boden über dem Grundwasser frei, die sich beliebig infiltriren können mit Jauche u. s. w., das Grundwasser ist nachgewiesen bei hohem Stande sogar unreiner als bei tiefem, und doch geht der Typhus wesentlich nur mit den Grundwasserschwankungen und vermehrt sich nicht mit der Vermehrung der Grundwasserbestandtheile. Meine Ansicht scheint mir die Thatsachen viel mehr zu respektiren, als die von Virchow. Alles deutet auf die Nothwendigkeit eines gewissen Rythmus, einer gewissen Dauer und Bewegung der Bodenfeuchtigkeit hin, der für die einzelnen Orte nur durch Beobachtung gefunden werden kann. Wo das bisher einzige bekannte Mittel der Beobachtung, das Grundwasser, fehlt, da müssen entweder andere Mittel gefunden werden, den Rythmus der Bodenfeuchtigkeit ebenso wie in München zu messen, — oder man muss solche Orte unberücksichtigt lassen.

Es ist kaum anders denkbar, als dass in Orten mit constantem Grundwasser über der ersten wasserdichten Schichte der Rythmus und die Dauer gewisser Zustände im Boden ganz anders sein wird, als in Orten, wo es nie oder nur sehr vorübergehend zur Bildung und Ansammlung von Grundwasser über der ersten wasserdichten Schichte kommt.

Wo die Grundwasserbeobachtungen fehlen, sind wohl genaue Regenmessungen, die auch neben Grundwassermessungen unentbehrlich sind, das nächste und zuverlässigste Aushilfsmittel. Obwohl in der Menge des Regens seine Wirkung auf den Boden nicht direkt sich ausspricht, und diese bei verschiedenem Boden sehr verschieden sein kann, so ist der Regen doch die einzige Quelle für alles Grundwasser, und kann bei gewisser Bodenbeschaffenheit vielfach die nämlichen Anhaltspunkte für Beurtheilung der Grundwasserverhältnisse wie z. B. in Calcutta geben, wo vorläufig auch nur die Regenmengen, aber nicht die Grundwasserstände bekannt sind.

Bei den für Cholera günstigen oder ungünstigen Grundwasserverhältnissen ist Ein Umstand von fundamentaler Bedeutung, der gar zu häufig ganz übersehen wird, und das ist die Nothwendigkeit einer Schwankung, eines Wechsels der Bodenfeuchtigkeit. Man kann nicht sagen, die Cholera gedeiht besser auf trockenem oder auf nassem Boden. Die Erfahrung lehrt, dass die Choleraepidemien weder in der Wüste, noch auf dem Meere zu Hause sind, sie gedeihen am besten auf einem Boden mit sehr wechselnder Nässe, und es kann ein Boden zu nass und zu trocken für Cholera sein. Macpherson hat uns mit dem jährlichen Rhythmus der Cholera in Calcutta und Cornish mit dem in Madras bekannt gemacht, und wir ersehen daraus, dass im August die grosse Nässe des Bodens in Calcutta dieselbe Wirkung hat, wie in Madras die grosse Dürre und Hitze im Juni. An beiden Orten sind die genannten Monate die cholerafreisten. Jener Theil des Choleraprocesses, welcher im Boden vor sich geht, scheint also einmal in zu grosser Nässe, das anderemal in zu grosser Trockenheit eine wesentliche Schranke zu finden. Man könnte nun den Schluss ziehen, dass gerade ein constanter gewisser mittlerer Feuchtigkeitsgehalt der Cholera am günstigsten sein müsste; aber eine solche Annahme vermöchte das thatsächliche örtliche und zeitliche Auftreten der Epidemien weder in Indien noch in Europa zu erklären, denn ein mittlerer Feuchtigkeitsgehalt findet sich am häufigsten, und solche Orte müssten dann immer gleichmässig Cholera haben, was doch nicht der Fall ist. Die Nothwendigkeit des Wechsels in der Durchfeuchtung mag vielleicht darin ihren Grund haben, dass jener Theil des Choleraprozesses, welcher im Boden vor sich geht, mehrere Stadien oder

Stufen zu durchlaufen hat, wovon das eine, z. B. das Stadium a, nur bei hohem Wassergehalte des Bodens und ein nachfolgendes Stadium n nur bei einem geringeren Wassergehalte eintreten kann. Bei einem constanten mittleren Wassergehalte des Bodens könnte das Stadium a nie eintreten, was doch unerlässlich ist, wenn das Stadium n später soll folgen können. Die grösste Intensität der Cholera fällt in Indien in der Regel in das sinkende Stadium des Grundwassers; das schliesst aber nicht aus, dass eben in diesem Stadium n Prozesse zur Geltung kommen, welche von einer gewissen Grösse und Dauer des vorausgehenden Stadiums a abhängig sind, in welchem Stadium gleichsam vorgearbeitet wird. Ebenso ist denkbar, dass das Stadium n in seinem Verlauf durch den zu baldigen Eintritt zu grosser Trockenheit unterbrochen werden kann, und erst wieder auflebt oder vollends abläuft, wenn die Feuchtigkeit wieder zunimmt, wo dann bei einem gewissen Grade derselben auch das vorbereitende Stadium a wieder in Wirksamkeit treten wird. In solchen Fällen könnte, wie es in Madras thatsächlich geschieht, der beginnende Regen auch mit dem Wiedererwachen der Cholera zusammenfallen, bis die Fortdauer der Regen auch dort wieder das Stadium a und eine Abnahme der Cholera herbeiführt.

Es gibt auch sonst viele Processe, die gerade nur unter dem Wechsel zwischen Nass und Trocken ausgiebig vor sich gehen, z. B. die Verwesung des Holzes, die Salpeterbildung, die Verwitterung mancher Gesteine. Holz, das immer unter Wasser oder immer ganz trocken bleibt, hält sich gleich gut, aber nichts verzehrt das Holz schneller, als wenn es abwechselnd immer nass und wieder trocken wird. — Als man den Salpeter noch in den sogenannten Salpeterplantagen erzeugte, wusste man, dass nichts die Salpeterbildung so beeinträchtiget, als ein ganz gleichmässig trockener oder feuchter Zustand der dafür hergerichteten Erdschichten, und dass gerade ein bestimmter Wechsel zwischen Nass und Trocken den meisten Salpeter liefert. Ebenso wissen die Baumeister, dass manche Steine sowohl im Wasser, als in trockner Luft gleich gut ausdauern, aber abwechselndes Nass- und Trockenwerden nicht ertragen können, ohne sich zu blättern oder zu schiefern.

Verschiedene Vorgänge in verschiedenem Boden.

Dass neben den Grundwasserschwankungen, so wesentlich ich sie auch erachte, jedenfalls noch viele andere Dinge, die uns noch unbekannt sind, auch in Betracht kommen, ist selbstverständlich und man darf nie denken, dass alle Bedingungen gegeben sein müssen, wenn eine wesentliche Bedingung gegeben ist, — aber ebenso irrthümlich ist, aus einem Falle, in dem nicht alle Bedingungen gegeben sind, auf die Unwesentlichkeit der einen oder anderen einzelnen Bedingung schliessen zu wollen; die gegeben ist. Es giebt Boden, der imprägnirt wird und in dem die Feuchtigkeit ebenso schwankt, wie in München, und doch haben sie, z. B. Erlangen, keinen so endemischen Abdominal-Typhus. Das kann aber als kein Beweis betrachtet werden, dass die Frequenz des Typhus in München nicht mit den Bewegungen des Grundwassers zusammenhängt. Es kann das nur eine Aufforderung sein, zu erforschen, was diesen Unterschied zwischen München und Erlangen begründet. Er liegt vielleicht auch im Boden. Wie ich jüngst in einem Berichte über die Münchner Siele mitgetheilt habe[1]), findet sich im Münchner Geröllboden eine organische, sehr stickstoffhaltige Substanz, (nach Bestimmungen von Dr. Feichtinger an manchen Stellen der Stadt mehr als 200 Grmm. in einem Kubikfuss). Prof. Pfaff hatte die Güte, mir zum Vergleich Erlanger Boden aus einer Strasse der Altstadt zu schicken, die nichts von diesen stickstoffhaltigen Stoffen erkennen liess. Der Boden in Erlangen in der Altstadt wird jedenfalls schon viel länger benutzt, als der Boden in der Mittererstrasse in München, die erst vor 4 Jahren angelegt worden ist. Selbst in den Kiesgruben ausserhalb München findet sich bereits diese stickstoffhaltige Substanz, wenn auch in viel geringerer Menge, als in den Strassen der Stadt. Der Erlanger Boden scheint ihrer Bildung nicht günstig zu sein. Ich verwahre mich übrigens zum Ueberfluss ausdrücklich gegen die Deutung, als wolle ich sagen, man hätte im Münchner Boden die Typhusmaterie gefunden. Ich will nur sagen, dass verschiedene Bodenarten gleichen Einflüssen gegenüber

---

[1] Gutachten über die Kanäle oder Siele in München. Bei Manz 1869. Seite 19.

sich sehr verschieden verhalten können, und dass wir noch unendlich viel zu lernen haben, ehe wir den Boden, auf dem wir wohnen, gehörig verstehen. Alle Arbeiten von mir und anderen in dieser Richtung zielen vorläufig wesentlich nur daraufhin, die Nothwendigkeit eines genaueren Studiums des Bodens zu begründen. Leider, dass so viele glauben, nur das als wahr, praktisch und nützlich bezeichnen zu müssen, was kein Nachdenken mehr erfordert, was bereits so weit fertig ist, dass es wie ein Messer oder eine Scheere für ganz bestimmte Zwecke gebraucht werden kann. Dagegen hilft, wie die Geschichte aller Wissenschaften lehrt, nichts, als sich nicht irre machen lassen und fortarbeiten.

Der Boden und die Immunität von Würzburg.

Virchow führt Würzburg als ein bezeichnendes Beispiel an, wie verschieden man die Sachen ansehen und — möchte ich namentlich ergänzen — auch darstellen kann. Ich will der Schilderung des Würzburger Bodens von Herrn Vogt, die Virchow zu Grunde legt, eine andere von Herrn Stadtbaurath Scherpf gegenüberstellen. Scherpf sagt in seiner Kanalisirung der Stadt Würzburg (Würzburg bei Stahel 1867) Seite 7: „Der Untergrund des Stadtterrains ist ein compakter Kalkfelsen, in welchen mehrere Kanäle tunelirt sind, über die die Stadtbäche wegfliessen. Dieser Felsen tritt an vielen Stellen zu Tage; an keiner Stelle liegt derselbe tiefer als 20 Fuss unter dem Strassenpflaster. An solchen Stellen befindet sich über dem Felsen gewöhnlich eine Keuper-, Sand- oder Kiesschichte von verschiedener Mächtigkeit (hie und da auch eine Lettenschichte), auf welche dann die künstliche Aufschüttung folgt. Der felsige Untergrund hat in der Regel seine Abdachungen in gleicher Richtung wie das darüber liegende Terrain, nur ohne gleichmässig vertheiltes Gefäll; vielmehr lassen sich muldenförmige Einsenkungen und vorspringende Kegel nachweisen."

„Die Wasserstände der Pumpbrunnen hiesiger Stadt haben eine höchst verschiedene Höhe über dem Nullpegel des Maines; es kann dies nur dadurch erklärt werden, dass das Sickerwasser auf dem Felsen gegen den tiefer liegenden Main abfliesst und sich da sammelt, wo eine muldenförmige Einsenkung des Felsens, ein künstlich hergestellter Brunnenschacht, oder ein tief in das Terrain einschneidender Keller eine grössere Wasseransammlung gestattet."

„Diese Ansicht findet ihre Bestätigung auch darin, dass die Wasserhöhen der verschiedenen Grundwässer nahehin constant sind und das Wasser in vielen Brunnenschächten in kurzer Zeit ausgepumpt werden kann."

Wer sich also ein Gesammtbild aus den Angaben von Herrn Dr. Vogt machen muss, kommt zu der von Virchow getheilten Ansicht: „Unter den örtlichen Schädlichkeiten steht die Durchfeuchtung des Bodens obenan. Die Höhe des Grundwassers ist eine allgemeine Calamität Würzburgs." Wer sich an die Darstellung von Baurath Scherpf hält, gewinnt eine ganz andere Vorstellung, der erblickt ein sehr coupirtes Unterterrain, welches der Bodenfeuchtigkeit nicht entfernt eine so gleichmässige Vertheilung und Stetigkeit, wie z. B. der Münchner Boden, und damit auch nicht entfernt einen solchen Rythmus der Bewegung gestattet. Die atmosphärischen Niederschläge vertheilen sich im Würzburger Boden nicht wie in München gleichmässig über eine gleichmässige Bodenschichte, sondern naturnothwendig sehr ungleich. An welche der beiden Darstellungen ich mich halten soll, ist für mich — ganz abgesehen von meinen theoretischen Ansichten — nicht im geringsten zweifelhaft. Ich denke mir, Baurath Scherpf hätte sich mit dem Untergrunde von Würzburg genauer befasst, als Bezirksgerichtsarzt Dr. Vogt, dessen Thätigkeit sich jedenfalls mehr auf der Oberfläche vollzieht.

Virchow erwähnt S. 49, dass er sich selbst in Würzburg bei Anlegung neuer Strassenkanäle überzeugt habe, „dass der aus ziemlich lose übereinander geschichteten, bröckeligen Lagen von Muschelkalk bestehende Boden in dem Innern der Stadt feucht und geschwärzt sei, durch massenhaft infiltrirte Unreinigkeit." Die blosse „Durchtränkung des feuchten Bodens mit den flüssigen Abgängen der menschlichen Haushaltungen" bedingt für sich noch keine Choleraepidemien, wenn auch der Keim eingeschleppt wird. Das beweist das immer nur zeitweise Auftreten der Krankheit in Indien und in Europa. Zur Regenzeit ist der Boden von Calcutta gewiss auch mit diesen Abgängen, die sich ja das ganze Jahr hindurch ziemlich gleich bleiben, getränkt, und München producirte 1857/58 nicht weniger davon als 1866/67, und doch ist die Cholera in Calcutta im August nur $^1/_6$ von der im April, und die Typhussterblichkeit in München 1867 nur 96, im Jahre 1858 hingegen 535 gewesen, mithin nahezu ein gleich grosser relativer Unterschied zwischen dem typhusärmsten und typhusreichsten Jahre in München, wie zwischen dem choleraärmsten und cholerareichsten Monate in Calcutta. Ehe die Grundwasserverhältnisse in Würzburg nicht ebenso ermittelt und beobachtet sind, wie die in München, lässt sich daher in Würzburg kein Beweis gegen Sätze aufstellen, die aus Beobachtungen in München gefolgert worden sind.

Virchow's kritische Studie hat mich veranlasst, mein 1854 für Würzburg abgegebenes Gutachten nach langer Zeit wieder durchzulesen. Ich war allerdings sehr erstaunt über die Magerkeit seines Inhalts, aber eine besondere Unrichtigkeit konnte ich nicht darin finden, im Ganzen kann ich es noch aufrecht erhalten. — Ich habe die Immunität von Würzburg damals theils von seinen Bodenverhältnissen, soweit es auf compaktem Kalkstein steht, theils von seinen günstigen Drainageverhältnissen (vom Residenzplatz bis zum Main 50 Fuss d. i. fast 2 Procent Gefäll), theils von baupolizeilichen Einrichtungen, welche die Imprägnirung des porösen Theiles des Bodens weniger begünstigen als anderswo, abhängig gedacht. Ich habe vielleicht nur die dritte Abtheilung von Ursachen zu hoch angeschlagen. In die zweite Abtheilung hätte auch das Grundwasser gehört. Da aber der Gedanke an dasselbe damals noch in allen Köpfen schlummerte, kann man auch mir keinen Vorwurf machen, dass er auch in dem meinen erst anderthalb Jahre später erwachte. Wenn ich damals schon etwas vom Grundwasser gewusst hätte, hätte ich vielleicht eine vorläufige Deutung versucht, vielleicht auch nicht, aber jedenfalls hätte ich zu regelmässigen Beobachtungen desselben aufgefordert, wie ich sie später in München gemacht habe, und wie sie nun auch in Berlin angefangen werden.

Da diese Lücke für Würzburg auch von Herrn Vogt inzwischen nicht ausgefüllt worden ist, so lässt sich leider darüber auch jetzt noch nichts aussagen, wie weit Würzburg seine Immunität etwa auch seinen Grundwasserverhältnissen verdankt. Vorläufig bleibt also immer noch nichts positives, als der compakte Fels über. Der Schlusssatz meines Gutachtens aus dem Jahre 1854 lautet: „Da diese Verhältnisse theils im Grund und Boden der Stadt, welcher weder durch die Zeit, noch durch die Menschen eine merkliche Aenderung zu befürchten hat, theils in Einrichtungen ruhen, welche durch eine wachsame Sanitäts- und Baupolizei aufrecht erhalten werden können, so kann diese Stadt auch ferner darauf rechnen, dass sie in künftigen Choleraepidemien die nämliche Immunität geniessen werde, wie bisher." Dieser Ausspruch verdient nicht den Namen einer Prophezeihung, sondern er ist ein einfacher Schluss aus gemachten Beobachtungen. Diese können unvollständig, und der Schluss unter Umständen irrig sein, aber — ich wiederhole — es ist keine Prophezeiung. Wenn nun Würzburg trotzdem im Sommer 1866 durch die massenhafte Einquartierung preussischer Truppen, welche Cholera unter sich hatten, von einer Choleraepidemie heimgesucht worden wäre, so hätten wohl meine Gegner darin eine Widerlegung des wesentlichen Einflusses von Boden und Grundwasser erblicken können, aber ich hätte mich eines solchen Fehlers schwerlich schuldig gemacht, da ich noch immer eingesehen hätte, dass zur Erklärung des örtlichen und zeitlichen Auftretens der Cholera doch kein anderer Anhaltspunkt bleibt, als diese noch so wenig erforschten Verhältnisse. Da nun aber Würzburg trotz dieser Einquartierung auch im Sommer 1866 nicht epidemisch ergriffen wurde, so hat sich abermals, und zwar diesmal unter den allerauffallendsten Umständen, die Thatsache ergeben, dass hier wirklich lokale Verhältnisse bestehen müssen, die nicht alle Bedingungen zu einer Choleraepidemie gewähren, und die Wissenschaft ist neuerdings an ihre Verpflichtung erinnert worden, nach diesen örtlichen und zeitlichen Verhältnissen zu suchen. Es steht jedem frei, sie über oder unter der Erdoberfläche zu suchen, es kommt nur darauf an, wo sich etwas findet, was man beobachten und zeigen kann. Wahrscheinlich wird eine nähere Untersuchung im Wesentlichen dieselben Ursachen der Immunität für Würzburg ergeben, wie sie in Lyon gefunden worden sind, Mangel theils der örtlichen, theils der zeitlichen Disposition.

Virchow sucht die Immunität von Würzburg auf folgende Art zu erklären: „Ich weiss vorläufig keinen andern Grund für die Würzburger Immunität anzuführen, als die langjährige Existenz städtischer Wasserwerke, aus denen der grössere Theil des Trinkwassers geschöpft wird." Dass diese Erklärung auf einem Irrthum beruht, geht schon daraus hervor, dass im Jahre 1854 bei meiner Anwesenheit in Würzburg die Nothwendigkeit einer besseren Wasserversorgung als ein Haupterforderniss für die Stadt anerkannt war, welches Bedürfniss aber erst in einem spätern Jahre befriedigt wurde. Ferner zeigen die in neuester Zeit noch von v. Scherer ausgeführten Untersuchungen[1]) des Wassers aus zahlreichen Pumpbrunnen, dass dieses Wasser in Würzburg durchschnittlich viel unreiner als in München ist; aber trotzdem keine Cholera.

Einfluss des Trinkwassers auf Choleraepidemien.

Ich glaube, dass hier der beste Platz sei, auch das zu besprechen, was Virchow S. 60 über den Einfluss des Trinkwassers überhaupt sagt: „Während Pettenkofer die Bedeutung desselben von vorneherein sehr gering veranschlagt hat, ist eine immer grössere Zahl von neuen Beobachtungen hinzugekommen, so dass man in London immer weniger Werth auf die Grundwassertheorie legt."

Diese Stelle könnte so verstanden werden, als brächten die Thatsachen in England aus der neuesten Zeit mit jedem Tage mehr Bestätigungen für die vom Jahre 1848 bis 1854 und auch noch später dort sehr häufig gewordene Ansicht, es erfolge die Verbreitung der Cholera wesentlich durch Trinkwasser. In England traten viele in die Zeit der neuen dritten Invasion der Cholera von 1865 mit der Ueberzeugung ein, vom praktischen Standpunkte aus sei die ganze Frage über die Verbreitungsart der Cholera weiter nichts mehr als eine Trinkwasserfrage. Aber gerade seit 1865 sind in England schlagende Thatsachen festgestellt und bekannt geworden, die den alleinseligmachenden Trinkwasserglauben nicht nur tief

---

1) Verhandlungen der physikal. medicin. Gesellschaft von Würzburg 1868. Neue Folge, I. Bd., S. 87. Ueber einige Verhältnisse der Würzburger Brunnenwässer.

erschüttert, sondern für die Mehrzahl der Fälle geradezu unmöglich gemacht haben. Ich möchte desshalb gerade das Gegentheil von dem behaupten, was Virchow zu behaupten scheint.

Betrachten wir zunächst einen Augenblick die Resultate der Trinkwassertheorie bei der letzten Epidemie in Ostlondon, von der Virchow S. 61 sagt: „Die Epidemie von 1866 traf ganz vorwiegend das Wasserfeld der East London Company und es wurde festgestellt, dass diese Gesellschaft in die Old-Ford-Works, von wo die Vertheilung des Wassers erfolgte, das unreine Wasser des Leaflusses und eines stagnirenden Reservoirs unfiltrirt eingelassen hatte."

Ich nehme die Thatsachen einstweilen ganz so, wie sie Radcliffe berichtet und halte mich genau an seine grosse Karte, welche John Simon seinem ausgezeichneten 9. Berichte beigegeben hat. Radcliffe scheidet das ganze Röhrennetz der East-London-Water-Company in 3 Abtheilungen, in die Abtheilung A, in welche allein das unfiltrirte Wasser gekommen sein soll, in die Abtheilung B, in welche es nicht gekommen ist, und in die Abtheilung C, wo die beiden Wasser nebeneinander zur Verwendung kamen.

Ich will ganz davon absehen, dass nicht darauf untersucht worden ist, ob sich für die Abtheilung B des Ostlondner Wasserfelds keine ähnliche Möglichkeit wie bei A hätte auffinden lassen, wenn auch in ihr die Cholera epidemisch aufgetreten wäre, ob sich da nicht auch etwas hätte finden lassen, was nicht immer ganz in Ordnung, ja was gerade zur kritischen Zeit in Unordnung gewesen. Ich erblicke auf der musterhaften Karte von Radcliffe nichts, als einen der schlagendsten und unwidersprechlichsten Beweise gegen den Einfluss des Trinkwassers, und selbst nach den beiden möglichen Seiten hin, sowohl als habe der Genuss des Wassers A von Oldford die Bevölkerung von Ostlondon zur Cholera disponirt, als auch gegen die Annahme, es sei ihr im Wasser ein Cholerakeim zugeführt worden, dessen Genuss beim Trinken Cholera verursacht hätte. Wenn man die Karte betrachtet, welche John Simon seiner Zeit auch bei der Choleraconferenz in Weimar mittheilte, und die vereinfacht den gedruckten Verhandlungen der Conferenz beigegeben wurde, so sieht man sofort, dass der Fluss Lea das

ganze Wasserfeld der Compagnie in zwei ziemlich gleiche Theile
theilt, das rechte Ufer des Lea wird von den Abtheilungen A und
B, das linke Ufer nur von der Abtheilung A versorgt. Auf dem
rechten Ufer trifft sichs nun, dass der tiefer liegende Theil von
Ostlondon mehr von der Abtheilung A, der höher liegende mehr
von der Abtheilung B mit Wasser versorgt wird, und man kann
sich fragen, trifft die Cholera mehr mit der örtlichen Lage, mit
Häuserfeldern, oder mehr mit der Qualität des Wassers von A und
B, mit Wasserfeldern, zusammen? In England wurde anfänglich,
gleichsam traditionell, das letztere als das wahrscheinlichere vor-
gezogen. Gut! Ich frage nur, ob diese Voraussetzung auch eine
weitere Bestätigung findet? ·Die Antwort ist: Nein!

Wenn in Bromley, Poplar, Stepney und Limehouse das Wasser
von A an der Epidemie und in Hackney, Homeston und Lower
Clapton das Wasser von B an der Immunität Schuld ist, warum
bleibt Stamford-Hill, was nur von A, warum Upper-Clapton, was
von A und B gemeinsam versorgt wird, eben so frei, wie die nur
von B versorgten Häuserfelder? Wirft man nun erst gar einen
Blick auf das linke Lea-Ufer, so müssen die Anhänger der Wassertheorie mit Schrecken wahrnehmen, dass hier das ganze Wasserfeld
nur von A versorgt wird und die Cholera trotzdem nur in ein paar
vereinzelten Strichen, und auch da verhältnissmässig gelinde auftritt. Bei Stamford-Hill, am rechten Lea-Ufer, kann man noch
sagen, dass da das Wasser von A nicht geschadet habe, weil dieser
Stadttheil von einer reicheren Klasse Menschen bewohnt ist, weil er
bis 97 Fuss über dem Hochwasserpegel liegt etc., — was will man
aber sagen, dass am linken Ufer auch Northwoolwich und Silvertown
trotz des Wassers von A und trotz seiner zahlreichen Arbeiter- und
Armen-Bevölkerung und trotz seiner Lage unter 0 Hochwasserpegel
frei geblieben ist?

In Limehouse, mitten im Hauptcholerafelde von Ostlondon, lag
1866 eine Armenschule mit 400 Kindern (Ninth Report by John
Simon p. 321), welche Anstalt ihr Wasser direkt aus der Haupt-
röhre von Old Ford (A) bezog. Unter dieser grossen Anzahl von
Kindern ereignete sich kein einziger Cholerafall und der Arzt der
Schule, Mr. James Titwell Hawkins, schreibt das Verschont-

4*

bleiben dem reichlichen und unbehinderten Genuss dieses Wassers zu. Radcliffe und Whitaker haben nachträglich an der Stelle, wo die Schule erbaut ist, einen wesentlichen Unterschied in der Bodenbeschaffenheit von der so stark ergriffenen Umgebung nachgewiesen.

Die Wissenschaft ist John Simon zu grossem Danke verpflichtet, dass er die Ausbreitung der Cholera am Faden der Wasserversorgung mit solcher Genauigkeit bis ins Einzelne verfolgen liess, das Resultat aber zwingt zur Ueberzeugung, es sei Zeit, von der durch Snow begründeten Richtung endlich abzugehen. Auch negative, aber unzweideutige Resultate haben ihren grossen Werth. John Simon, der seine zahlreichen und wichtigen praktischen Aufgaben stets auch mit dem Auge des Naturforschers betrachtet hat, war nie ein ausschliesslicher Anhänger der Trinkwassertheorie. Er hat diess auch bei der Choleraconferenz in Weimar offen ausgesprochen (S. Verhandlungen S. 18), und erklärt, dass bei der Epidemie in Liverpool z. B. das Trinkwasser nicht in Betracht komme. Dasselbe hat Dr. Parkes für Southampton nachgewiesen, wo das Wasserfeld 1866 für die ganze Stadt das gleiche war, wo sich aber die Cholera auf einige der tiefst gelegenen Häuserfelder beschränkte. In der Irrenanstalt der Grafschaft Devon beschränkte sich die Cholera auf die männliche Abtheilung, während sie die weibliche gänzlich verschonte, und beide Abtheilungen trinken ein und dasselbe Wasser aus dem einzigen im Orte vorhandenen artesischen Brunnen. In Malta ist nachgewiesen, dass bei dem letzten heftigen Ausbruch der Cholera (1865) das Wasser jedenfalls nicht betheiliget gewesen sein konnte (Sutherland) u. s. w. Dass in gewissen Wasserfeldern die Cholera bald mehr, bald weniger, bald gar nicht auftritt, daran ist der Genuss des in den Röhren fliessenden Wassers vielleicht immer so unschuldig, als er es in Stamford-Hill und Silvertown, als er es in Liverpool und Southampton und in Malta gewesen ist. Die Verschiedenheit gewisser Wasserfelder trifft meistens mit einer Verschiedenheit auch in der örtlichen Lage zusammen, mit einer Verschiedenheit der Häuserfelder. — Es verhält sich damit ganz ähnlich so, wie mit dem oft intensiven Auftreten von Cholera und Typhus in der Nachbarschaft gewisser

Brunnen, wo man auch so gerne annimmt, das Trinken des Wassers müsse Ursache sein, während nicht bedacht wird, dass die Qualität des Wassers in den gegrabenen Brunnen eben nur ein Anzeichen für die Beschaffenheit des Bodens der nächsten Umgebung ist. — Die Beispiele, wo nach der Absperrung solcher Brunnen die Krankheit nachlässt, beweisen nichts, da ihnen eine viel grössere Anzahl von Beispielen gegenübergestellt werden kann, wo die Krankheit ebenso nachlässt, ohne dass die Brunnen ausser Gebrauch gesetzt worden. Es fehlt auch stets der Nachweis, dass diese Brunnen vor und nach dem Auftreten der Krankheit Wasser von besserer, überhaupt anderer Qualität geliefert hätten, als zur Zeit des Ausbruchs der Krankheit.

Ich habe bei Gelegenheit der Altenburger Epidemie einen in dieser Beziehung lehrreichen Fall mitgetheilt.[1]) Im Versorgungshaus von Altenburg verlief während meiner Anwesenheit ganz am Schlusse der Epidemie noch eine schauerliche Cholera-Explosion. Unmittelbar darnach erfolgte ein nicht minder schrecklicher Ausbruch in einem in der Nähe gelegenen einzeln stehenden Hause an der Zeitzer Strasse. Fast alle Einwohner erkrankten, und von den Erkrankten starben $3/4$. Die Leute in dem Hause an der Zeitzer Strasse schwuren darauf, sie hätten sich die Krankheit vom Versorgungshaus geholt, mit dem sie übrigens nicht im geringsten einen andern Verkehr gehabt hätten, als dass sie dort von dem ausserhalb der Anstalt befindlichen Brunnen das Trink- und Speisewasser geholt hätten. Das sah doch der Geschichte des Brunnens von Broadstreet in London sehr ähnlich. Und doch musste der Genuss dieses Wassers von aller Schuld freigesprochen werden. Ganz in der Nähe, aber seitlich und höher gelegen, befindet sich eine grosse Meierei, von mehr als 30 Personen, grossentheils Dienstboten, bewohnt, die gleichfalls nur von diesem Wasser vom Versorgungshaus tranken, aber ohne dass sich nur eine Diarrhöe unter ihnen zeigte.

Ich erinnere ferner an das Ergebniss meiner Untersuchungen über den Einfluss verschiedenen Trinkwassers auf die Ausbreitung der Cholera in München im Jahre 1854, die ich mit grosser Vor-

---

1) Zeitschrift für Biologie Bd. II S. 87.

liebe und selbst mit einem für die englische Hypothese damals noch sehr günstigen Vorurtheile unternahm,[1]) die aber mit einem entschieden negativen Resultate endigte. Die Wasserverhältnisse in München lagen für eine vergleichende Untersuchung äusserst günstig, viel günstiger, als in allen aus englischen Städten bekannten Beispielen. Unter diesen Umständen wird mir Virchow wohl selbst beistimmen, wenn ich neue und unzweideutigere Belege für den direkten Einfluss verschiedenen Wassergenusses verlange, als worauf er sich berufen hat.

Virchow scheint die kritischen Nachweisungen nicht näher zu kennen, welche Dr. Letheby in den Sitzungen der Metropolitan Association of Medical Officers of Health am 21. März und 18. April 1868 über den Verlauf der Cholera in London mit Rücksicht auf die Wasserversorgung zum Vortrag brachte[2]), und deren Resultat in dem Satze gipfelt: „Wenn irgendwo die Annahme bestanden hätte, dass es irgend einen Zusammenhang zwischen Cholera und Gasleitung gäbe, so liesse sich dieselbe thatsächliche Coincidenz in Bezug auf die Commercial-Gas-Company nachweisen, wie in Bezug auf die East-London-Waterworks-Company, wo noch die Thatsache hinzukäme, dass der erste Cholerafall in der Gasfabrik sich ereignete."

Diese Verhandlungen, welche zwei Sitzungsabende in Anspruch nahmen, und denen auch Dr. Radcliffe und andere Anhänger der Trinkwassertheorie beiwohnten, sind bisher in Deutschland nicht bekannt geworden; ich halte es deshalb für nothwendig, das wesentlichste davon ausführlich mitzutheilen. Dr. Letheby sagte: „Die angeführte Verunreinigung des Wassers beruht auf einer Reihe von Annahmen, von denen viele im höchsten Grade unwahrscheinlich sind. Es ereignete sich, dass zwei Cholera-Todesfälle am 27. Juni zu Bromley, unmittelbar in der Nachbarschaft der East-London-Waterworks vorkamen, doch weit entfernt vom Orte ihres Wasserbezugs; und es wird angenommen, dass die Darmentleerungen der beiden kranken Personen in den Abtritt geschüttet

---

1) Untersuchungen und Beobachtungen über die Verbreitungsart der Cholera S. 53.
2) Journal of Gas Lighting, Water Supply and Sanitary Improvement. Vol. XVII, Nr. 404, p. 257 und 276, Nr. 406. p. 330 und 310.

wurden und ihren Weg durch die Siele in den Fluss Lea fanden, wo sie verdünnt durch eine grosse Masse Wasser stromaufwärts gingen[1]), und gegenüber einem offenen, aber selten gebrauchten Reservoir der Wasser-Gesellschaft anlangten; ferner wird angenommen, dass sie dann durch ein dickes Ufer sickerten und so Zutritt zum Wasser in dem unbedeckten Reservoir bekamen; dass an einem bestimmten Tage etwas von diesem Wasser in das bedeckte Reservoir gelassen wurde, aus dem die öffentliche Leitung gespeist wurde und dass es dann in den von der Gesellschaft versorgten Distrikten vertheilt wurde. Aber wenn des Beweises halber auch zugegeben würde, dass sich all dies in Wirklichkeit so verhielt, so würde es doch ein sonderbares mathematisches Problem sein, was der Grad der endlichen Verdünnung war, nachdem der Darminhalt in die Siele, dann in den Fluss Lea, dann in's offene Reservoir und zuletzt in's bedeckte Reservoir gelangte, denn es wird nicht vorausgesetzt, dass die Choleraausleerungen als solche in das bedeckte Reservoir gebracht wurden, sondern dass nur ein kleiner Theil von jeder der allmäligen Verdünnungen mit immer grösseren und grösseren Mengen Wasser sich mischte."

„Abgesehen jedoch von den Unwahrscheinlichkeiten dieser Annahmen ist es Thatsache, dass das Wasser, von dem man sagt, dass es auf diese Art verunreinigt worden ist, seine Wirkungen in den Distrikten, die damit versorgt waren, durchaus nicht in einer Weise zeigte, die auf eine gewisse Gleichheit der Zeit und Stärke schliessen liessen. Man denke sich, um die Sache durch ein Beispiel zu erläutern, dass Alkohol oder Arsenik mit dem Wasser gemischt und dies an einem bestimmten Tage dem Publikum vertheilt worden wäre, so sollte man erwarten zu sehen, dass sich die Wirkung des Giftes nicht nur zur selben Zeit in dem ganzen Distrikt der Leitung zeigte, sondern auch, dass es auf diesen Distrikt beschränkt bliebe. Aber nicht so mit dem fraglichen Wasser, denn obwohl nicht angeführt ist, dass es öfter als einmal

---

1) Die Situation der ersten beiden Cholerafälle und der Reservoire von Old-Ford ist in der Karte deutlich zu sehen, die den Verhandlungen der Weimarer Choleraconferenz beigegeben ist. Die beiden ersten Cholerafälle, von denen die Verunreinigung der Wasserleitung herrühren sollte, sind mit einem schwarzen Ringe eingefasst.

verunreinigt worden ist, so zeigten sich die ersten Wirkungen in den verschiedenen Distrikten in langen Zwischenräumen; und es gab viele Plätze, nach denen es vertheilt wurde, wo es keine Spur von Krankheit gab, während andere, welche dieses Wasser nicht empfingen, ernstlich ergriffen waren."

„Die Zeiten des Ausbruches der Krankheit in den mit dem Ostlondon-Wasser versorgten Distrikten waren folgende: Bromley, 27. Juni; Poplar und Bethnal-Green, 30. Juni; Shoreditch und Mile-End, 7. Juli; Whitechapel, Stepney und St. George's-in-the-East, 14. Juli, und Ost-London-Sprengel, 28. Juli. Somit verstrich ein Monat zwischen dem ersten Auftreten in den verschiedenen Distrikten. Ueberdies ist bemerkenswerth, dass, während die Krankheit so heftig in manchen Distrikten auftrat, sie ganz machtlos in anderen war. Die Sterblichkeit z. B. von Bethnal-Green war 63 auf 10,000 Einwohner, Whitechapel 78; Poplar 85; und St. George's-in-the-East 93; während die Distrikte von Stamford-Hill, Upper-Clapton, Walthamstow, Woodford, Wanstead, Leytonstone, Buckhurst-Hill, North-Woolwich und Silvertown gänzlich unberührt von der Krankheit blieben, obschon sie das nämliche Wasser und zur selben Zeit empfingen."

„Noch bemerkenswerther ist, dass es ganz im Herzen des Cholerafeldes und ganz nahe daran Plätze gab, wo die Bewohner dasselbe verdächtige Wasser erhielten und reichlich benutzten, ohne im geringsten davon zu leiden. In der Limehouse-Schule, um welche rings die Cholera schrecklich tödtlich war, waren 400 Kinder, welche dasselbe Wasser wie ihre Nachbarn tranken und doch gab es nicht einen Fall von Diarrhöe unter ihnen. In dem London-Hospital, welches gleichfalls mitten im Cholerafeld liegt, denn es ist von den Distrikten Whitechapel, Bethnal-Green, Mile-End, Old-Town und St. George's-in-the-East umgeben, befand sich im Durchschnitte eine Bevölkerung von 463 Personen, und, obschon sie unbehindert von dem unfiltrirten Ostlondon-Wasser tranken, kam doch kein einziger Krankheitsfall vor." [1])

---

[1]) Diese Angabe wurde von Andern später dahin berichtiget, dass im London-Hospital wohl mehrere vom Wartpersonal Cholera hatten, aber es entwickelte sich trotzdem keine Haus-Epidemie.

„In dem östlichen Theil der City von London, welcher sich an das Cholerafeld anschliesst, wurde das verdächtige Wasser 161 Häusern mit einer Bevölkerung von 1732 Personen geliefert, aber mit Ausnahme eines einzigen Hauses (20, Somerset-Street), welches an der Gränze von Whitechapel liegt, gab es nicht einen einzigen Choleratodesfall."

„Aber nebstdem war die Krankheit besonders stark an Plätzen, wo das verdächtige Wasser niemals gebraucht wurde. In Crown-Court, Blew Anchor-Yard in Whitechapel, wo die Wasserleitung vom New-River ist, war die Sterblichkeit 284 auf 10,000. In Boar's Head-Yard, im nämlichen Distrikt, welcher gleichfalls vom New-River versorgt wird, war die Sterblichkeit 193 auf 10,000 und in der That es gibt noch 18 Höfe (Courts) in Whitechapel, wo kein Ostlondon-Wasser gebraucht wurde, und doch kamen unter ihrer Bevölkerung von 4351 Personen 30 Todesfälle an Cholera vor, was einer Mortalität von 69 auf 10,000 entspricht, während sie im ganzen Distrikte nur 77 betrug."

„Noch ein solches Beispiel ist der Fall von City of London Union zu Bow. In der Mitte des Cholerafeldes litt es ebenso wie die ganze Nachbarschaft, denn von 765 Einwohnern verlor es 27 an der Krankheit, was eine Sterblichkeit von 353 auf 10,000 ausmacht. Aber während der ganzen Zeit gebrauchten die Bewohner kein anderes Wasser, als das aus einem tiefen artesischen Brunnen, welches bei der Analyse gut und gesund befunden wurde."

Die Schlüsse, welche Dr. Letheby aus diesen Thatsachen gegen die Berechtigung der Trinkwassertheorie gezogen hat, verstehen sich von selbst, es kann nur noch interessiren, was die Anhänger der Trinkwassertheorie diesen Thatsachen von Letheby entgegenstellen konnten. Der Eindruck des Vortrages von Letheby muss gross gewesen sein, denn der Vorsitzende erklärte: „he was sure that he only expressed the opinion of the meeting in recording a vote of thanks to Dr. Letheby for the admirable paper, which he had read."

Was hatte Dr. Radcliffe darauf zu erwidern? Um nicht partheiisch zu erscheinen, will ich auch seine Erwiderung mittheilen, obwohl sie an den Thatsachen von Dr. Letheby nicht das mindeste zu ändern vermag: „Es schiene ihm (Radcliffe), dass ein Vortrag, welcher die Frage der Wasserleitung in Verbindung mit der letzten Epidemie besprechen wollte, sich mehr mit den Thatsachen des Vorfalls befassen sollte, über die Dr. Letheby hinwegzugehen schiene. Als er (Radcliffe) seine Untersuchungen für den Staatsrath (Privy Council) anfing, war die Fragestellung folgende: Obwohl es bisher allgemein angenommen wurde, dass zwischen dem Auftreten von Epidemien und den Trinkwasserleitungen ein gewisser Zusammenhang bestehe, so behauptete der Ingenieur der Ostlondon-Gesellschaft doch bestimmt und mit Vorbedacht, dass unter keinerlei denkbaren Umständen ein von Choleragift verunreinigtes Wasser von ihren Werken aus vertheilt worden sein konnte; dass die Reservoirs zu Old-Ford frei von aller Verunreinigung seien, und dass von diesem Platze aus zu keiner Zeit etwas anders in Ostlondon, als reines Wasser zur Vertheilung gekommen sei. Diese Behauptung schien ihm den Gedanken an einen möglichen Zusammenhang des Wassers mit der Epidemie zu beseitigen, und er ging unter diesem Eindruck an die Untersuchung. Seine Untersuchung war eine Untersuchung von Thatsachen, die, bis zur Erschöpfung jeder möglichen Quelle der Krankheit verfolgt, ihn zuletzt wieder zur Wasserleitung als einzige Ursache zurücktrieb. Nachdem er zu diesem Schluss gelangt war, sah er Mr. Greaves, den dirigirenden Ingenieur, legte ihm die Thatsachen vor und besprach sie mit ihm. Da kam das sehr wichtige Zugeständniss, dass an einem bestimmten Tage, etwa 14 Tage vor dem Beginn des Ausbruches in Ostlondon, aus einem besonderen Grunde, unreines Wasser von einem bestimmten unbedeckten Reservoir, welches einer Verunreinigung vom Flusse Lea zugänglich ist, in das Dienst-Reservoir gelassen und von da aus vertheilt wurde. Die ersten unzweifelhaften Fälle von asiatischer Cholera in London waren die zwei Fälle in Priory-Street, Bow. Sie waren der Ausgangspunkt der Nachforschungen für ihn und andere Herren. Seine eigenen Forschungen erstreckten sich auf sechs Besuche, während welcher er jedes Glied der Familie und Jedermann sah, der irgend etwas mit den Patienten zu thun hatte. Das Resultat steht fest, dass sie an Cholera starben; dass ihre Ausleerungen,

welche viel betragen hatten, in den Abtritt geschüttet und mit
Wasser reichlich hinabgespült wurden. Die Verbindung des Ab-
tritts mit dem Leaflusse wurde auf der ganzen Strecke besichtigt,
und es konnte kein Zweifel sein, dass 24 Stunden nach dem Tode
dieser Personen die Ausleerungen in den Fluss gelangten. Dr.
Letheby hätte gesagt, dass sie stromaufwärts hätten gehen müssen.
Aber an dieser Stelle ist der Lea ein gesperrter Strom, die Fluth
hatte Zutritt und schwemmte die im Wasser enthaltenen Stoffe
aufwärts. Zur Zeit der Ebbe wurden die Stauschleussen geschlossen
und es floss nur das Ueberwasser über das Wehr. Der Lea war
die allgemeine Cloake für diesen Distrikt. Das Wetter war zu
dieser Zeit sehr heiss, und diese Excremente wurden zur schlimmsten Zeit in den Fluss gegossen. Er glaube, es sei wohl anzunehmen, dass der Fluss gerade gegenüber den Ostlondon-Wasser-
werken ganz erträglich mit Choleragift beladen war. Konnte es
in die Reservoirs gelangen? Es wurde die Vermuthung aufgestellt,
dass irgendwo ein Bruch oder eine Spalte zwischen dem alten
und dem Dienstreservoir sein könnte. Das wurde nicht bestätigt.
Wenn die Schleussen zwischen dem Dienst- und dem unbedeckten
Reservoir geöffnet waren, konnte das Wasser vom Leaflusse kommen.
Aber diese Ansicht wurde bei Seite gelegt. Was die unbedeckten
Reservoire betrifft, so waren sie im Geröll gegraben. Die Höhe
der Fluth war 2 oder 3 Tage 3 Fuss über dem Spiegel der Re-
serven. Als Captain Tyler später die bedeckten Reservoire unter-
suchte, die sorgfältig cementirt waren, fand er eigenthümliche
Undichtigkeiten. Wenn er (Radcliffe) daher gefunden habe, dass
der Leafluss zu einer bestimmten Zeit verunreinigt wurde, dass die
Reserve, aus der das unreine Wasser genommen worden war,
einer Verunreinigung vom Flusse her ausgesetzt war, so erschien
es ihm äusserst wahrscheinlich, dass da irgend ein Zusammenhang
zwischen der Wasserleitung und dem Ausbruch der Krankheit bestand. Es war vollständig klar, durch die Lokalisation der Krankheit, dass die Vertheilung dieses Wassers nicht jedem Theil des
Distriktes gemeinsam war. Mr. Greaves gestand zu, dass zu
dieser Zeit den aussenliegenden Theilen des Distriktes filtrirtes
Wasser zugeführt wurde. Der wichtigste Grund, der gegen seine

(Radcliffe's) Gründe noch vorgebracht worden sei, sei der von Herrn Orton, dass einige Theile des Distriktes der Cholera gänzlich entgangen sind. Er könnte sich keine Möglichkeit denken, als dass da das Wasser eben nicht afficirt war. Mr. Orton muthmaasste, dass der schmutzige Zustand mancher Theile von Ostlondon am Ausbruch Schuld sei, und dass der Schmutz eine wichtige Rolle in der Erschwerung der Krankheit in dieser Stadttheilen spielte, könne nicht der geringste Zweifel sein."

Wenn man die Zahl und das Gewicht der Thatsachen von Letheby in die eine Wagschale legt, und die von Radcliffe in die andere, wird man sie so ungleich schwer finden, dass es ganz begreiflich ist, warum Radcliffe's Worte nicht mehr ziehen konnten.

Darnach sprach noch Mr. Orton, „der ganz mit Dr. Letheby darin übereinstimmte, dass die Wasserleitung nichts mit den Ursachen der Epidemie zu thun habe."

Herr Hawksley theilt eine Reihe von Beispielen aus andern Städten und Gegenden Englands mit, die schon von jeher dafür sprachen, dass das Wasser überhaupt nicht den supponirten Einfluss haben könne. Das interessanteste ist jedenfalls Birmingham an der Tame. Zu einer Zeit (1849), wo in Wolverhampton, Bilston, Wednesbury und Walsall, die alle an der Tame, aber weiter oben liegen, die Cholera so heftig wüthete, dass man ausserhalb der Stadt in Zelten campirte, und wo fast alle Cholerastühle in den Fluss kamen, wurde die grosse Stadt Birmingham direkt aus der Tame durch ein Pumpwerk mit Wasser versorgt, und doch kam nur ein einziger Choleratodesfall in der ganzen Stadt vor, und selbst das war ein eingeschleppter.

Mr. Jabez H. Ogg bemerkte, dass es noch viel über die Pilztheorie zu sagen gäbe, aber er wäre der Meinung, dass es mit der Trinkwassertheorie aus sei, „that the water theory would no longer hold water".

In der folgenden Sitzung wurde die Debatte über Letheby's Vortrag fortgesetzt, aber alle seine Thatsachen blieben unwidersprochen stehen. Einige wagten nur noch so viel zu Gunsten der Wassertheorie zu sagen, dass man das Kind nicht sofort mit dem Bade ausschütten soll, man hätte doch früher so fest daran geglaubt, man erinnerte an den bekannten Fall mit der Lambeth und Vauxhall Company in den Jahren 1849 und 1854, die 1849 beide an der gleichen Stelle der Themse schöpften, deren Wasserfelder sich sehr nahe lagen, und 1849 auch gleich stark litten, hingegen 1854 sehr ungleich, nachdem die Lambeth Company ihre Bezugsquelle Themse-aufwärts verlegt hatte. 1854 kam viel weniger Cholera auf ihrem Wasserfelde vor, als auf dem der Vauxhall Company.

Jedermann wird hieraus wohl entnehmen müssen, dass nicht die neuen Thatsachen, sondern nur mehr diese alte Thatsache gegenwärtig noch für die Wassertheorie spricht, dass sie ihr letzter Halt sei, und dass auch dieser letzte Anker bedenklich zu reissen drohe. Auch was später in einem Berichte von Dr. W. Farr, dem Generalregistrar und eifrigsten Vertheidiger der Trinkwassertheorie, und seinen Anhängern noch erschienen ist, vermag den von Letheby angeführten Thatsachen nicht das mindeste von ihrer entscheidenden Bedeutung zu nehmen, selbst nicht die Hypothese, dass sich die Cholerakörperchen im Wasser ungleich vertheilt, und sich vielleicht in den Röhren abgesetzt hätten, bis sie den Weg nach Stamfordhill und North-Woolwich zurückgelegt; denn da hätten sie sich schon viel früher im Leaflusse oder während sie durch das dicke Ufer des unbedeckten Reservoirs sickerten, absetzen müssen. Alles, was in den Spalten der Medical Times, deren Redaktion offenbar nicht Partei gegen die officiell gewordene Trinkwasserhypothese nimmt, nach dem denkwürdigen Tage vom 21. März 1868 noch gesagt wurde, kann nur den Eindruck einer verlorenen Schlacht und eines Rückzuges machen, während dessen noch einige Salven gegeben werden — soviel dürfte jedem ausserhalb des Kampfes Stehenden klar sein, dass die Vertheidiger der Trinkwassertheorie das Schlachtfeld in London nicht behaupten konnten, sondern es ihren Gegnern räumen mussten.

Ich gestehe, dass mir diese Thatsache von 1849 und 1854 selbst gegenüber meinen eigenen, stets negativen Erfahrungen doch vom Anfang an imponirt hat, und dass ich sie auch jetzt noch nicht gerne für einen blossen Zufall ansehen möchte, wie es in England schon vielfach geschieht. Es könnte zwar sein, dass sich die

Wasserfelder der beiden Gesellschaften damals wie das rechte und linke Ufer eines Flusses der Cholera gegenüber verhalten hätten, wo es vorkommt, dass einmal beide Ufer gleich stark leiden, bei einer kommenden Epidemie nur das eine oder andere. Dass solche Unterschiede zwischen zwei Ufern selbst bei ganz gleichem Wasserbezuge vorkommen, hat sich eben in Ostlondon gezeigt, wo das rechte Ufer des Lea der Hauptsitz der Epidemie ist, während das linke Ufer nur auffallend schwach berührt wird, obschon die Wasserleitung für das linke Ufer dieselbe ist, wie für den epidemisch ergriffenen Theil des rechten Ufers. Und so hätte es auch kommen können, dass in einer früheren Zeit die beiden Ufer bei gleichem Wasserbezug einmal gleich von Cholera ergriffen gewesen wären. Das wäre etwa so ein Fall, wie ihn die Vauxhall- und Lambeth-Compagnien 1849 und 1854 geboten haben könnten.

Doch könnte ich mir von einem andern Standpunkte, als dem des Wassertrinkens aus, der Angesichts der letzten Epidemie in London jedenfalls aufgegeben werden muss, immer noch denken, wie sich reines und unreines Wasser in verschiedenen Quartieren auch bei Choleraepidemien bemerklich machen könnte, und das ist derselbe Standpunkt, den ich schon bei Abfassung des bayerischen Cholerahauptberichtes vor mehr als 10 Jahren gerade bei Besprechung dieser Thatsache eingenommen habe. Ich habe Seite 335 gesagt: „Der erste Gedanke, der hiebei auftaucht, ist, dass das Trinken des unreineren Wassers die so auffallend erhöhte Sterblichkeit hervorgebracht habe. Ich würde nicht den geringsten Anstand nehmen, dieser Ansicht zu sein, hätte ich nicht zahlreiche Erfahrungen dafür, dass die Bevölkerung manchen Ortes und mancher Häuser beim vorzüglichsten und reinsten Quellwasser in Folge anderer örtlicher Einflüsse in einem viel höheren Grade von Cholera zu leiden hatte, als selbst die mit Southwark- und Vauxhall-Wasser versorgten Häuser zu London, während andere Orte mit unsauberem Cisternenwasser frei ausgingen, — oder wenn ich nicht so vielfach erfahren hätte, dass der etwas grössere oder geringere Zusammenfluss von mehr oder minder verunreinigtem Wasser im Untergrunde der Gebäude (z. B. in muldenförmigen Lagen etc.) die Heftigkeit der Cholera in einzelnen Häusern bedeutend zu steigern im Stande sei, ohne dass es nothwendig ist, von solchem Wasser zu trinken. . . . Was ich bei den Untersuchungen über den Einfluss des Londoner Trinkwassers wesentlich vermisse, ist, dass man fast nur die örtliche und nicht zugleich auch die zeitliche Entwicklung der Krankheit in den mit gleichem Wasser versorgten Strassen und Häusern ins Auge gefasst hat. Hätte man auch die Zeit berücksichtiget, so würde man gefunden haben, dass der Genuss des Vauxhallwassers in manchen Strassen und Häusern erst viele Wochen später verderbliche Wirkungen geäussert hätte, als in anderen."

Wie richtig meine damalige Anschauung war, hat nun die Untersuchung von Letheby über die Cholera in London 1866 bewahrheitet, indem der Ausbruch der Epidemie in Bethnal-Green auf den 30. Juni, der Ausbruch in East-London-Union auf den 28. Juli fiel.

Ich habe auf Seite 337 des nämlichen Hauptberichtes ferner gesagt: „Falls wir also Gründe haben, einen Einfluss auf die heftigere Entwicklung der Cholera in einzelnen Häusern von einer Steigerung organischer Processe in dem porösen und feuchten Boden derselben abzuleiten, so sind wir durchaus nicht gezwungen, den in London constatirten Einfluss des Wassers von verschiedener Reinheit lediglich oder auch nur vorzugsweise auf den Genuss solchen Wassers zu beziehen."

Ich fühle mich gezwungen, bei dieser Gelegenheit hervorzuheben, dass diese meine vermittelnde Anschauung, die ich auf der Choleraconferenz in Weimar noch vertreten und nach zwei verschiedenen Möglichkeiten hin zu interpretiren gesucht habe (siehe deren Verhandlungen S. 55 und 56), im Verlaufe der Epidemie im Jahre 1866, wie sie erst später Letheby dargestellt hat, vergebens nach einer Stütze sucht, indem da nicht wie 1849 und 1854 beständig unreines Wasser vertheilt wurde, sondern nur momentan, und ebenso grosse Distrikte, die dieses momentan verunreinigte Wasser empfingen, frei geblieben, als ergriffen worden sind, und indem auch andere Stadttheile, welche anderes Wasser bezogen (z. B. von der New-River-Company und aus einem artesischen Brunnen), aber im örtlichen Choleragebiet lagen, auf das heftigste ergriffen worden sind. — Ich gestehe, dass ich jetzt viel mehr als früher befürchte, dass der Einfluss des Wassers der Vauxhall- und Lambeth-Company auf die Epidemieen von 1849 und 1854 doch ein Trugschluss war, so plausibel er auch aussah. Er erscheint mir jetzt nur mehr wie das letzte Entwicklungsstadium, wie die letzte Erscheinungsform des veralteten Begriffes vom Contagium, die den Uebergang zu einem neuen Standpunkt zu vermitteln hatte. Man glaubte daran, weil die Thatsachen zwangen, neben dem Cholerakeim auch noch eine örtliche und zeitliche Disposition als unerlässlich anzunehmen, die man versuchsweise in das Trinkwasser verlegte.

Wenn die Trinkwasserhypothese nun auch fällt, so wurde sie sterbend doch noch zum Ausgangspunkt einer besseren Wasserversorgung für London und viele andere Städte, was nicht nur während Cholerazeiten, sondern immer für die allgemeine öffentliche Gesundheit von der grössten Bedeutung und von höchstem Nutzen ist. Die bisherigen Vertreter der Hypothese können mit diesem praktischen Resultate zufrieden sein und Niemand darf ihnen einen Vorwurf machen. Nachdem sich die Thatsachen so ergeben hatten und so gedeutet werden konnten, und nach dem damaligen Stande unsers Wissens so gedeutet werden mussten, wie es 1854 noch der Fall war, so hätte das oberste Gesundheitsamt von England geradezu wider Pflicht und Gewissen gehandelt, wenn es die Sachlage nicht benutzt hätte, um zu bewirken und durchzuführen, was auch ohne Cholera längst hätte geschehen sollen. Es ist traurig, in einem Berichte über den Vortrag von Dr. Letheby (a. a. O. 330) statt einer Anerkennung die Anklage zu lesen, man habe „im Jahre 1849 und 1854 nach Thatsachen gesucht, wie nach Stöcken, um damit auf die bösen Hunde von Wassercompagnieen zu schlagen." Diese Männer haben nach meiner Ansicht damals nur recht und redlich gehandelt, wenn sie dem öffentlichen Wohle gegenüber dem Eigennutze Einzelner zum Siege verholfen haben. Ja — es war ein harter Kampf mit den Wassercompagnieen, der desshalb entstand, weil die Wassercompagnieen ihre Pflicht, stets nur reines und gesundes Wasser zu liefern, nicht thun wollten: jeder Kampf braucht Waffen, und der Sieg in einer guten Sache bleibt ewig ehrenvoll, wenn auch die im besten Glauben ergriffenen Waffen den Sieg nicht überdauern und in Zukunft nicht mehr brauchbar sind.

Betrachtung der Choleraepidemie von 1866 in Ostlondon nach Boden- und Grundwasserverhältnissen.

Ich will die Cholerakarte von Radcliffe über die Epidemie von 1866 nochmal vor mich hinlegen und sie ohne alle Rücksicht auf die East-London-Water-Company und ihre Wasserbehälter bei Old-Ford oder Lea-Bridge betrachten, bloss als ein getreues und gewissenhaftes Bild einer thatsächlichen örtlichen Erscheinung. Das Hauptcholerafeld liegt in einem Dreieck, welches die Flüsse Themse und Lea von zwei Seiten, und eine Bogenlinie, die man sich vom Tower nach Old-Ford gezogen denken kann, begränzen. Der Boden besteht vorwaltend aus Geröll und Sand, stellenweise von Ziegelthon unterbrochen, das linke Leaufer zeigt zunächst dem Flusse vorwaltend angeschwemmten und Moorboden, der sich nahe der Einmündung des Lea in die Themse auch auf das andere Ufer herüberzieht und die India-Docks umfasst. Die Stellen des eigentlichen Cholerafeldes, wo sich die Fälle vom 27. Juni bis 21. Juli am meisten häuften, treffen alle auf den Geröllboden, auffallend weniger zeigt sich die Krankheit in Quartieren, welche innerhalb des Cholerafeldes auf Ziegelthon oder Moorboden liegen. Es ist möglich, dass eine genauere Untersuchung und Abgränzung der einzelnen Bodenschichten an der Oberfläche dieses Verhalten noch genauer hervortreten liesse. Unverkennbar spricht sich auch ein Einfluss der Erhebung über den Hochwasserpegel aus. Die grösste Intensität der Krankheit zeigt sich zwischen 36 und 3 Fuss Höhe, was über 36 liegt, wird von der Krankheit kaum, und auch was unter 3 liegt, nur wenig berührt. Das spricht sich ebenso deutlich an einem der höchsten Punkte (Stamford-Hill) 97 Fuss über, wie an einem der tiefsten Punkte (North-Woolwich) 10 Fuss unter Null aus, welche beiden Punkte mit dem nämlichen Trinkwasser von Old-Ford, wie das Hauptcholerafeld versorgt waren. Von Islington und Highbury zieht sich eine Anhöhe von Londoner Thon gebildet auf einer Seite gegen die Themse bis Black-friars' Bridge, auf der andern Seite gegen den Lea über Hackney und Old-Ford herab. Alle auf den Höhen des Londonclay liegenden Theile sind frei geblieben, und auch der höhere Theil der davon eingeschlossenen und begränzten Kiesmulde. Eine Linie vom Endpunkte des Londonclay bei Blackfriars Bridge längs der Themse und eine Linie vom Endpunkte des Londonclay bei Hackney längs des Lea bis zur Vereinigung der beiden Flüsse umfasst das eigentliche Cholerafeld von Ostlondon in einer viel natürlicheren und vollständigeren Weise, als die Linien, welche die Ausdehnung der East-London-Water-Company angeben. Die von Londonclay eingefasste, meist aus Geröll gebildete Abdachung oder Mulde lässt sich als ein bis zu einem gewissen Grade für sich bestehendes Entwässerungsgebiet, für ein eigenes Grundwassergebiet, ähnlich wie einzelne Flussthäler oder Zweige derselben betrachten, die oft nur streckenweise Choleraepidemien zeigen, in der Regel in ihren unteren Theilen mehr, als in den oberen. Ein unbefangener Beobachter wird sich schwer von dem Eindrucke frei zu machen im Stande sein, dass dieser auf die blosse Oertlichkeit gegründete Ueberblick mehr natürlichen Zusammenhang verrathe, als der Ueberblick nach dem Wasserbezirke A. Es ist das auch nicht mir allein aufgefallen. Dr. Letheby hat sich in seinem vorhin mitgetheilten Vortrage sehr entschieden und unzweideutig meiner Ansicht angeschlossen. Er sagt S. 277: „Die Theorie von Pettenkofer ist, dass die wesentlichen Bedingungen für die kräftigen Aeusserungen der Krankheit ein poröser Boden, versehen mit Excrementenstoffen und von einem gewissen Grad der Durchfeuchtung sei, der sich einstellt, wenn das Grundwasser zurückgegangen ist oder allmälig sinkt. Alle diese Bedingungen stimmen ganz besonders mit der Lokalisation der Krankheit in den östlichen Distrikten von London zusammen, denn der Boden ist kiesig und desshalb sehr porös für Luft und Wasser und er ist reichlich versehen mit Excrementenstoffen, die von den örtlichen zeitweise durch die Fluth gesperrten Sielen kommen. Es ist auch bemerkenswerth, dass einige Monate vor dem Ausbruche der Krankheit das Grundwasser stufenweise sank, in Folge der Kanalisirungsarbeiten, welche für die Construction des neuen Hauptniedersieles und seines Zweiges bei der Hundsinsel nothwendig waren. Nach Pettenkofer sind es hauptsächlich diese Umstände, unter denen ein Distrikt am empfänglichsten für eine Cholerainfektion ist. . . . Alle Thatsachen ins Auge fassend, ist es deutlich sichtbar, dass, während keine davon Pettenkofer's Theorie widerspricht, eine grosse Zahl in einem offenen und direkten Kampf mit der Trinkwasserhypothese ist."

Ich kann mir endlich nicht denken, wie sich die Anhänger der Trinkwassertheorie das Auftreten der Cholera in Indien vorstellen, in Orten, wo sie endemisch herrscht, wo Cholerafälle das ganze Jahr hindurch vorkommen, wo also immer einzelne Cholerastühle und Keime das Trinkwasser zu verunreinigen im Stande sind. Warum mischen sich diese Stühle dort in gewissen Monaten dem Trinkwasser viel mehr bei? Ebenso unmöglich scheint es mir, vom Trinkwasser aus die thatsächliche Ausbreitung der Epidemie von 1854 in Bayern zu erklären. Jeder wird von dem Versuche abstehen, sobald er die dem Haupt-Berichte beigegebenen Karten vor sich hinlegt.

Sonstige Erklärungsversuche für den Ausbruch von Cholera-Epidemien.

Wenn nun die in neuer Zeit in England vorgekommenen Choleraepidemien an vielen Orten vom Einfluss des Trinkwassers nicht abgeleitet werden können, wie erklärt man sie denn? Auf die verschiedenste Art. Prof. Parkes hat von der letzten Epidemie in Southampton ein bezeichnendes Beispiel gegeben. Am 10. Juni 1866 kam das Dampfschiff „Poonah" von Alexandria über Malta und Gibraltar, und hatte einen Tag vor seiner Ankunft einen Heizer an Cholera verloren. Die Schiffe der Gesellschaft, welcher der „Poonah" gehörte, machen die Reise von Alexandria bis Southampton durchschnittlich in 14 Tagen, da sie nur in Malta und Gibraltar einige Stunden anhalten. Nach Ankunft erkrankten noch einige Personen, vorwaltend Heizer, an Cholerine und Cholera, keiner der Passagiere. Die Heizer sollen die Cholera von einem unreinen Wasserbehälter bekommen haben, der in Gibraltar gefüllt worden war. Die Unreinheit des Wassers ist constatirt, aber auf Gibraltar war damals und namentlich auch in der Nähe des Brunnens, der das Wasser geliefert hat, keine Spur von Cholera — weder zuvor noch darnach. Spätere Erhebungen haben es sogar wieder zweifelhaft gemacht, ob das Wasser wirklich von dem bezeichneten

Brunnen in Gibraltar war. Trotz Allem aber wird doch angenommen, die Heizer erhielten ihre Cholera und Cholerinen vom Genuss des bezeichneten fauligen Wassers, und die Heizer mehr als andere, weil die Heizer in Folge ihrer Beschäftigung auch viel mehr Wasser tranken, als andere. (Die Kinder in der Limehouse-Schule in Ost-London blieben nach der Ansicht ihres Arztes von der Cholera verschont, weil sie so viel von dem angeschuldigten Wasser tranken, die Heizer auf dem Poonah erkrankten aus dem nämlichen Grunde.)

Die Heizer gingen ans Land und verbreiteten sich in verschiedenen Stadttheilen. Einer dieser Heizer hatte seine Wohnung in einer reinen und luftigen Lage von Southampton, er erkrankte dort und einige Tage später auch sein dreijähriger Sohn an Cholera. Beide starben.

Nachdem sich einige verdächtige Fälle in Southampton theils schon vor, theils bald nach Ankunft des „Poonah" gezeigt hatten, die man noch für Cholera nostras halten konnte, begann 3 bis 4 Wochen nach Ankunft dieses Schiffes der unzweifelhafte Ausbruch einer Choleraepidemie, „die bezüglich der Oertlichkeit auf die tief liegenden und ungesunden Theile der Stadt beschränkt blieb, sich über dieselben zerstreute, ohne an irgend einer Stelle eine besondere Heftigkeit zu erlangen. Der ganze obere Theil der Stadt war frei, ebenso die umliegenden Vorstädte und Dörfer. Die ganze Stadt, die frei gebliebenen und die ergriffenen Theile, werden mit ein und demselben Trinkwasser versorgt."

Was zieht nun ein sonst so verdienter Gelehrter, wie Parkes, dem wir unter anderm das gediegenste Lehrbuch der Militärhygiene zu danken haben, für einen Schluss aus diesen Thatsachen?

1) Mit Ausnahme des „Poonah" ist keine Einschleppung der Cholera in Southampthon nachweisbar, obschon die Krankheit damals an vielen Punkten des europäischen Continents herrschte.

2) Wenn sie durch den „Poonah" eingeschleppt war, so verbreitete sie sich nicht unmittelbar von den ihm angehörigen Fällen, als Mittelpunkten aus, mit Ausnahme des einen Falles beim Kinde eines Heizers.

3) Obschon auf dem „Poonah" offenbar durch schlechtes Wasser verursacht,[1]) war der nachfolgende Ausbruch in Southampton doch ohne jeden Zusammenhang mit dem Trinkwasser der Stadt, das sich constant rein erwies.

4) Die Krankheit war sicherlich am schlimmsten in den ungesundesten Theilen der Stadt, aber nicht beschränkt auf solche, denn auch gute Häuser in luftiger Lage in dem niedrigen Theile der Stadt litten und einige der schlimmsten Lokalitäten blieben frei.

5) Aus allgemeinen atmosphärischen Einflüssen oder andern unbekannten epidemischen Bedingungen ist das Auftreten der Cholera in Southampton nicht zu erklären.

6) Der Ausbruch lässt sich unter der alleinigen Voraussetzung, dass Cholerastühle entweder frisch oder in einem gewissen Stadium der Zersetzung Cholera erzeugen können, genügend aus der Kanalisation erklären.

Sehen wir nun, worin die Erklärung besteht. Ich werde mich am besten Prof. Parkes' eigener Worte bedienen: „Fast die ganze Stadt ist kanalisirt, aber unglücklicherweise nach einem schlechten Princip, indem ein sehr geräumiges Netz von Kanälen gegen die Mündung gleichsam als ein Reservoir während der Fluth dient. Das gibt während mehrerer Stunden im Tage einen solchen Stillstand, dass das Wasser wahrscheinlich längere Zeit fast gar nicht abläuft. Die Ventilation ist sehr unvollkommen, indem nur durch die Kanalgitter in den Strassen dafür gesorgt ist, und da diese widerliche Dünste von sich geben, werden sie von den Bewohnern der umliegenden Häuser fortwährend mit Holzstücken verstopft. Die Folge davon ist, dass die Gase rückwärts in die Häuser ge-

---

1) Wie wäre es, wenn der auf diesem Schiffe wirkende Infektionsstoff nicht in Gibraltar, sondern bereits in Alexandria an Bord gekommen wäre? In dem Falle, den Dr. Rutherford vom Renown mittheilte (s. Zeitschrift für Biologie Bd. IV S. 453), zeigten sich auch erst Cholerasymptome auf dem Schiffe, nachdem es 14 Tage lang von Gibraltar fort auf dem Wege nach dem Cap war. Es liegt nicht die mindeste Nöthigung vor, die Cholera der „Poonah" von dem im Jahre 1866 cholerafreien Gibraltar abzuleiten, bloss weil dort schlechtes Wasser eingenommen worden war.

trieben werden und sich dort durch die unvollkommenen Klappen einen Ausweg erzwingen." [1])

„Der Kloakeninhalt des westlichen Theiles der Stadt wird durch Pumpen gehoben und dann in die östlichen Kanäle entleert, wo er nach mehr oder minder Aufenthalt in den östlichen Sielen zur Mündung gelangt.

„Das war der Zustand der Dinge gerade vor dem Ausbruch der Cholera. In Folge der Reinigung der Siele wurde für einige Zeit das Pumpen an der gewöhnlichen Station ausgesetzt; es ergab sich eine grössere Ansammlung in den Sielen, theils aus diesem Grunde, theils wegen Wassermangel. Die Wasserleitungen wurden verändert, um mehr Wasser liefern zu können und neue Maschinen wurden eingesetzt. Während dieser Zeit war trotz der grössten Anstrengungen von Seite des Wasseringenieurs die Zufuhr, namentlich in den tieferen Theilen der Stadt, unzureichend; man empfand eine der Schattenseiten der ununterbrochenen Zuleitung. In den höheren Theilen der Stadt, wo das Wasser zuerst hinkam, wurde eine ungeheure Quantität verbraucht, namentlich, weil das Wetter sehr trocken war, zum Spritzen der Gärten. Die untern Stadttheile litten daher doppelt, durch die an sich geringere Zufuhr und durch den grössern Verbrauch seitens ihrer reicheren Nachbarn. Da der Regenfall unglücklicherweise auch sehr gering war, so unterliegt es keinem Zweifel, dass die Strömung durch die Siele selbst noch viel langsamer als gewöhnlich war; in der That es frägt sich, ob nicht ein fast gänzlicher Stillstand Ende Juni und Anfang Juli war."

„Während das vor sich ging, wurden am 10. oder 11. Juni die Leute vom „Poonah" gelandet, von denen einige 6 bis 8 Tage lang an Choleradiarrhöe litten. Die reichlichen Entleerungen von

---

[1]) Wenn Prof. Parkes ein Barometer in den Sielen mit einem Barometer in den Strassen verglichen hätte, so würde er wahrscheinlich keinen Unterschied in der Pression der Luft in dem Sinne seiner Voraussetzung gefunden haben. So lange es in den Sielen kühler als in der Luft ist, geht unter gewöhnlichen Umständen der Zug der Luft in die Siele hinab. Der zu solchen Zeiten aus ihnen sich verbreitende Geruch kommt wesentlich nur auf Rechnung der Diffusion. Dies kann nur anders sein, wenn der Wind von der See kommt und in die Siele bläst. Ich finde hier nicht den Raum, mich über verschiedene Strömungen der Luft in Kanälen ausführlicher auszusprechen.

acht bis zehn Personen gelangten in diese Siele, in die westlichen und östlichen, welche fast überladen waren. Angenommen, dass diese in Zersetzung begriffenen Ausleerungen die Krankheit erzeugen können, war dieser Zustand der Dinge sehr bedrohlich für Southampton, da es klar war, dass die mangelhafte Ventilation die Dünste oder Gase in jedes Haus mit einer schlechten Klappe treiben würde. Ich glaube, dass unabhängig von allem Uebrigen die Cholera ausgebrochen wäre; aber es kam noch ein Umstand hinzu, der mir die unmittelbare Ursache des Ausbruchs gewesen zu sein scheint."

„Anfangs Juli wurde das Pumpen des westlichen Sieles in das Ausflusssiel wieder aufgenommen. Das Pumpwerk befindet sich nahe der Schiffbrücke in einer ziemlich guten Nachbarschaft, aber rings herum stehen die tief liegenden Theile von Southampton. Das Pumpen geschieht durch eine Dampfmaschine und geht gewöhnlich Tag und Nacht."

„Die ganze ungeheure Masse des Kloakeninhalts der westlichen Siele wurde gehoben und durch eine offene Verbindung in das Ausmündungssiel gegossen, Tonnen über Tonnen Kanalwassers wurden aufgepumpt und schäumend und strömend gleich einem Wasserfall durch einen offenen Kanal 8 bis 9 Fuss lang niedergegossen. Die Ausdünstung dieser Masse kochenden Unraths war überwältigend. Sie verbreitete sich über die ganze Nachbarschaft und man beklagte sich bitter darüber in den anliegenden Häusern. Ihre Wirkung hingegen konnte nicht auf sie beschränkt bleiben; die Dunstwolke, die hier aufstieg, muss sich weit über den Punkt hinaus verbreitet haben, wo sie noch durch den Geruch entdeckt werden konnte."

„Das Vorkommen einiger frühen Cholerafälle in reinlichen luftigen Häusern in der Nähe des Pumpwerkes war das erste, was die Aufmerksamkeit auf sich zog und man fand, dass Diarrhöen in manchen anliegenden Häusern herrschend wurden. Es ergab sich keine Ursache für diese Anfälle, als die grosse Ausdünstung . . ."

„Sobald diese Entdeckung gemacht war, wurde die offene Verbindung durch eine eiserne Röhre ersetzt und Carbolsäure reichlich und beständig an diesem Punkte in die Siele gegossen. Diese Umänderung wurde erst spät in der Nacht vom 18. Juli beendigt, am

19. fand nicht mehr die geringste Dunstentwicklung statt. Wie schon gesagt, war die Zahl der Cholerafälle vom 13. bis 17. oder 18. Juli sehr gross, sie nahm dann ab, und am 24. Juli war es klar, dass das schlimmste vorüber sei."

„Ich will jedoch nicht behaupten, dass alle Fälle davon herrührten. In einigen Beispielen waren die Häuser zu weit von dem Pumpwerke entfernt, oder die Fälle kamen zu lang nach der Beseitigung des Missstandes vor, um noch durch die Annahme eines langen Incubationsstadiums erklärt werden zu können. In einigen dieser Fälle waren die Hausklappen unwirksam und Kloakengase fanden ihren Weg hinein, und diess fristete vielleicht die wenigen zerstreuten Fälle, welche sich in den August und September hinein noch fortsetzten."

Ich begreife nicht, wie sich Professor Parkes über solche Dinge so ereifern kann, oder dass er sich nicht viel mehr darüber wundert, dass trotz diesen in den grellsten Farben geschilderten Kloakenübeln die Cholera verhältnissmässig so mild geblieben ist. Dadurch, dass das Pumpwerk still stand, verwandelte sich ein Theil des Siels in eine Abtrittgrube, wie wir sie auf dem Continente fast noch überall haben, und noch dazu viel näher bei den Häusern, ja in jedem Hause selbst. Diese Abtrittgrube bestand einige Wochen, ohne geräumt zu werden, und als sie wieder geräumt wurde, entwickelte sich der gewöhnliche Gestank. Da die Choleraepidemie schon begonnen hatte, vermochte das Ausräumen und der Gestank sie ebenso wenig zum Stillstand zu bringen, als wenn man in allen Strassen Southampton's Feuer angezündet hätte. Aber nach vier bis sechs Wochen wurde sie milder, zu dieser Zeit liess auch der Gestank nach und lebte die Epidemie trotzdem nicht wieder auf. Ich ersehe daraus nichts, als was ich überall beobachtet habe, auch wo die besonderen Kanalverhältnisse von Southampton nicht im Spiele gewesen sind. In München zeigte sich die Epidemie im Jahre 1854 Ende Juli, und nach 4 bis 6 Wochen war es auch da allen klar, dass das schlimmste vorüber sei, ohne dass wir aber dem Gestank unserer Abtrittgruben und Kanäle den mindesten Zwang angethan, ohne dass wir nur 1 Loth Carbolsäure verschwendet hatten.

Wenn eine Abtrittgrube, in welche Cholerastühle gelangen, zur

Erzeugung einer Epidemie ausreicht, dann könnte kein Haus in Lyon von Cholera verschont bleiben, so oft in Südfrankreich die Cholera ausbricht, und viele tausend Choleraflüchtlinge von Marseille und Paris und andern Städten nach dieser immunen Stadt wandern, die zu solchen Zeiten jedenfalls tausendmal mehr Cholerakeime importiren, als das Schiff „Poonah". Die gewissenhaften Mittheilungen von Parkes sind übrigens für mich doch vom grössten Werthe, nicht als ob sie mich zu seinem Glauben vom Einfluss der Kanäle in Southampton bekehren könnten, sondern weil sie wieder ein klar sprechender Beleg für den Einfluss der örtlichen Lage und der Grundwasserverhältnisse, und für den Nichteinfluss des Trinkwassers sind. Nur die tiefer liegenden Theile der Stadt wurden epidemisch ergriffen und in ihnen auch ganz rein gehaltene Quartiere. Die Epidemie begann und war am heftigsten am tiefsten Theile, in der Nähe des erwähnten Pumpwerkes, welches natürlich an der Stelle errichtet ist, wo die Sewage nicht mehr weiter fliessen kann, wo sie durch Pumpen künstlich gehoben werden muss. Der Epidemie ging nicht nur ein sehr trockenes Wetter voraus, sondern die künstliche Wasserversorgung der Stadt erlitt zugleich eine namhafte Beschränkung. Die Austrocknung des Bodens dadurch hat in den tief liegenden Theilen von Southampton dieselben Folgen gehabt, wie in Ostlondon; in Southampton scheint die Unterbrechung der Wasserzufuhr das Eintreten der nämlichen für die Cholera günstigen Grundwasserverhältnisse unterstützt zu haben, wie in Ostlondon nach Letheby die Anlage des neuen Hauptsieles.

Mein Standpunkt scheint mir schon desshalb der bessere zu sein, weil er nicht nur für die Epidemie in Southampton und Ostlondon, sondern überall derselbe bleiben kann, während meine Gegner an einem Orte verneinen müssen, was sie an einem andern mit aller Macht behaupten. — Bald ist es direkte Infektion vom Kranken auf Gesunde übergehend, dann wieder das Trinkwasser, dann Kanäle und Abtrittgruben, welche die Cholera verbreiten, in welchen ihr Keim sich entwickelt und gedeiht, bald noch gewöhnlichere und allgemeinere Dinge. Von diesen Vorstellungen muss abgegangen werden, wenn wir nur den geringsten Fortschritt in der Erkenntniss hoffen wollen, denn Alles ist zugleich auch Nichts. Wenn die Abtrittgruben oder gar der menschliche Darm, wie Virchow S. 53 meint, zur Vervielfältigung des Choleragiftes und zum Hervorbringen von Choleraanfällen ausreichend sind, dann ist es unmöglich, dass sich die Choleraepidemien so nach Zeit und Oertlichkeit begränzen, wie es thatsächlich immer der Fall ist. Ich kann es nicht glauben, dass die Einwohner von Lyon oder Würzburg einen andern Darm oder andere Abtrittgruben, als die von Marseille und Paris und von Rothenfels haben, denn sobald die Einwohner von Lyon oder Würzburg sich in einem Orte, wie Marseille oder München, zur Zeit einer Choleraepidemie aufhalten, werden sie ebenso wie die Ortsangehörigen dahingerafft. 1854 holten sich in dem epidemisch ergriffenen München viele Personen aus Berlin die Cholera, konnten sie aber nicht nach Berlin verpflanzen, wo sie erst 1855 ausbrach.

Alle Erklärungsversuche, welche bloss von der Voraussetzung ausgehen, dass die Ursachen der örtlichen und zeitlichen Disposition nur im Menschen selbst liegen, welche also die Verbreitung der Krankheit nur aus der specifischen Choleraursache und der individuellen Disposition erklären wollen, scheitern an den Thatsachen und müssen verlassen werden, sobald man die Ausbreitung der Cholera über eine grössere Länderstrecke nach Ort und Zeit genau untersucht. Diese Ansicht muss beseitigt werden, denn sie ist ein grosses Hinderniss für die Entwicklung der Choleraätiologie. Man darf nicht denken, so lange eine Sache noch nicht ganz festgestellt sei, stehe jede Art der Erklärung frei. Erklärungen, die gegeben und angenommen werden, sind Vorstellungen, die unwillkürlich mehr oder weniger Einfluss auf den Gang der Forschung üben.

Nothwendigkeit einer weiteren Zergliederung des Verkehrs und einer genaueren Berücksichtigung der örtlichen und zeitlichen Hilfsursachen.

Es ist ein falscher Grundsatz in der Forschung, der nie — ausser durch blossen Zufall — zu einem Resultate führen kann, auf's Gerathewohl hin alles zu untersuchen, sich an alles zu hängen, was nicht schon als eine Unmöglichkeit erwiesen ist — denn die Möglichkeit ist unendlich —; sondern wir müssen, ehe wir Gewissheit haben, unsere Ziele nach der grössten wissenschaftlichen

Wahrscheinlichkeit wählen, welche sämmtliche thatsächliche Erscheinungen des Vorgangs umfasst, welchen wir ergründen wollen. Wer die Forschung wirklich fördern will, darf keine Liebhaberei mit den dabei in Betracht kommenden Thatsachen treiben. Wir dürfen die Fühlung mit dem Ganzen nie verlieren, während wir Einzelnes näher zu untersuchen streben, wir dürfen uns bei Untersuchung des Einzelnen nur so lange aufhalten, als wir noch spüren, dass es mit dem Ganzen nicht zufällig, sondern nothwendig zusammenhängt. Nur wer an einem solchen Faden zieht und ihn nicht jeden Augenblick wieder loslässt, oder mit einem neuen vertauscht, nähert sich die Sache, oder sich ihr. An einer so complicirten Erscheinung, wie eine Choleraepidemie, hängen allerdings tausend Fäden, aber sie haben für die Zwecke der Forschung sehr ungleichen Werth. Theils sind sie für uns noch nicht fassbar, theils so zufällig oder zart, dass sie sofort abreissen, wenn man die ganze Last der Frage daran hängt, oder sie damit vorwärts ziehen will. Wir müssen uns also um deutlich sichtbare, fassbare und haltbare Stränge umsehen. Drei solche Stränge sind mir bisher thatsächlich immer sichtbar geblieben und noch nie abgerissen: der Einfluss des Verkehrs, der Einfluss der Oertlichkeit und der Einfluss der Zeit. Die Untersuchungen haben daher nach meiner Ansicht zunächst in diesen drei Richtungen vorwärts zu gehen.

Der Faden des Verkehrs ist uns vorläufig wohl sichtbar, aber noch nicht fassbar, wir glauben zwar jetzt so ziemlich alle fest an seine Existenz und seine Nothwendigkeit, aber ob es ein Pilz oder ein Vibrione, oder sonst was ist — hat noch Niemand gesehen. Um diesen Faden nur in die Hand zu bekommen, müssen wir noch viel genauer den Verkehr beobachten, als wir es bisher gethan haben; wir müssen viel von der üblichen, leichtfertigen, doktrinären Weise ablegen, mit der wir häufig bisher verfahren sind. Man denke sich z. B. einen von Cholera ergriffenen Ort, von dem aus die Krankheit auf benachbarte Orte verschleppt wird. Die meisten glauben schon genug gethan zu haben, um den Ausbruch einer Ortsepidemie zu erklären, wenn sie nachweisen, dass in diesen Ort Jemand von aussen, von einem inficirten Orte, gekommen sei. Pflicht des Forschers aber ist, auch die viel zahlreicheren

Fälle in's Auge zu fassen, in denen der nämliche Verkehr weder einzelne Infektionen noch Ortsepidemien hervorruft. Selbst dem ausschliesslichen Contagionisten hätten zwei Vorkommnisse bei der Verschleppung längst auffallen sollen; einmal folgt der Ankunft eines Individuums aus einem inficirten Orte schnell ein oder selbst mehrere Fälle in seiner nächsten Umgebung an einem andern Orte, ohne dass sich daraus eine Ortsepidemie entwickelt, ein andersmal verstreicht eine Woche und mehr, bis sich der erste Fall zeigt, dessen Entstehung im Orte selbst angenommen werden muss. Gerade die Ortsepidemien entwickeln sich sehr häufig aus so stillen Anfängen.

Interessant sind in dieser Hinsicht die Mittheilungen des Medicinalrathes Dr. Schmid über die Cholera 1866 im Kreise Schwaben und Neuburg, wo sich die Epidemien an die aus dem deutschen Kriege heimkehrenden Truppen (Nassauer, Hessen und Bayern) knüpften. Von der Einquartierung bis zum ersten Choleraanfalle im Orte verstrichen in Höchstädt 15 Tage, in Gundelfingen 17, in Eschenbrunn 10, in Neuburg a. d. Donau 18 Tage, denen dann überall mehrere Fälle, theilweise sogar Epidemien folgten, während in Günzburg, Dillingen und Nähermemmingen schon nach 7, 3 und 7 Tagen vereinzelt bleibende Fälle folgten, in welchen 3 letzteren Fällen aber immer die Reinigung von Cholerawäsche mit im Spiele war.

Ebenso zeigten sich in Unterfranken in einigen Orten wenige Tage nach der Einquartierung der preussischen Truppen, in einigen erst nach Wochen, die ersten Fälle. Dr. Vogt, der in seinem amtlichen Berichte viel Ausserordentliches geleistet hat, will sogar (S. 46) eine nur dreistündige Incubationsdauer beobachtet haben. In Rothenfels erkrankte am 5. September Mittags 12 Uhr der Pfründner Flach, nachdem ihn Vormittags 9 Uhr der Bader Dodel rasirt hatte, der aus einem Cholerahause zu ihm kam. Dodel selbst erkrankte am 8. September. Herr Dr. Vogt scheint es für überflüssig zu halten, sich darüber Gedanken zu machen, warum ein Bader, während er die Leute rasirt, so giftig wirken kann, und warum ein Arzt, der die Kranken doch auf das genaueste untersucht, die Cholera in seiner Clientele nicht verbreitet. Herr Dr. Vogt hat übrigens auf der Seite vorher selbst berichtet, dass der erste Cholerafall in Rothenfels schon am 1. August an einer preussischen Marketenderin, und ein zweiter am 12. August an einer ortsangehörigen Steinhauersfrau vorkam, ohne dass diese zuvor rasirt worden war. Mich wundert nur, wie solche Abenteuerlichkeiten, wie sie Dr. Vogt mehrfach aufgetischt hat, die Kritik der ministeriellen Medicin in München unbeanstandet passiren konnten.

Ich habe in meiner Abhandlung über Lyon und das Vorkommen der Cholera auf Schiffen vergeblich die Frage aufgeworfen, warum die Mehrzahl der Schiffe, die aus einem inficirten Hafen kommt, die Cholera nicht verbreitet, warum hie und da aber eines sofort entschieden inficirend wirkt? Die nämliche Frage lässt sich wie beim Seeverkehr auf die Schiffe, beim Landverkehr auf die einzelnen Personen anwenden.

Mir scheint, dass in den Fällen, wo der Ankunft aus einem inficirten Orte so rasch eine Infektion am zweiten Orte folgt, die Personen ausser dem Keim und ihrem Organismus noch etwas mitbringen müssen. Wodurch unterscheiden sich Schiffe und Personen, die sofort inficirend wirken, von der Mehrzahl, die es offenbar nicht zu thun vermag? Der verstorbene Professor v. Dittrich in Erlangen theilte mir aus dem Jahre 1854 einen Fall aus dem Erlanger Krankenhause mit, der vielleicht auf etwas leiten könnte. (Hauptbericht S. 307 und 308.) Es waren im Erlanger Krankenhause schon mehrere Cholerafälle behandelt worden, deren Entstehung auf Nürnberg und Augsburg zurückzuführen war, ohne dass die Krankheit auf andere Kranke überging, als am 2. Septbr. ein Kranker wegen Caries der Fusswurzelknochen von Augsburg kam, am 5. September an Cholera erkrankte und im typhoiden Stadium starb. In demselben chirurgischen Krankenzimmer befanden sich noch zwei Patienten, der Heilung von secundärer Syphilis nahe. Beide erkrankten am 8. September an Cholera, genasen aber. Es wurden ausser diesem Falle von Augsburg noch 5 Cholerafälle ins Krankenhaus aufgenommen und behandelt, die auswärts inficirt worden waren, aber nur von dem mit Caries behafteten gingen Infektionen aus, die sich aber nur auf seine zwei Zimmergenossen und von diesen nicht weiter erstreckten. Weder das Krankenhaus noch die Stadt Erlangen wurde weiter ergriffen.

Bildeten die eitrigen Lappen am Fusse des Kranken vielleicht das geeignete Transportmittel für fertigen Infektionsstoff von Augsburg nach Erlangen? Aehnlich wie Cholerawäsche? Ich glaube, man sollte sehr scrupulös untersuchen und unterscheiden, was Personen alles mit sich führen, von denen so schnell Infektionen ausgehen, im Vergleich zu der grossen Mehrzahl, wo das nicht der Fall ist. Die zahlreichen Beispiele, dass mit Diarrhöen behaftete Personen die Cholera von einem Orte zum andern verbreiten, muss nicht nothwendig so aufgefasst werden, als producire ihr Darm einen Infektionsstoff, es könnte leicht sein, dass die Diarrhöe nur das Mittel ist, um Wäsche oder Kleider oder selbst Körpertheile in der Umgebung des Afters in den geeigneten Zustand zu versetzen, Cholerakeim und fertigen Infektionsstoff von einem Orte zum andern lebensfähig zu transportiren.

Wie viele Personen mögen im Jahre 1837 aus Rom und andern von Cholera heimgesuchten Städten Italiens nach der Schweiz und nach Zürich gekommen sein, und nur der Fall, wo eine Familie mit einem diarrhöekranken Kinde aus Rom an die ungünstig gelegene Stelle im Niederdorf von Zürich floh, wurde Ausgangspunkt der Epidemie. Ich erinnere überhaupt an das, was ich in meiner Abhandlung über Lyon[1]) gesagt habe, dass die Infektion durch Cholerawäsche den Einfluss des Bodens beim Choleraprocess durchaus nicht überflüssig machen kann. Es konnte, ebenso wie 1854 in Stuttgart und einem benachbarten Dorfe Infektionen durch einen auf dem Münchner Boden gewachsenen Stoff ausgehen konnten, 1867 auch in Zürich Jemand durch etwas stoffliches, in der Wäsche enthaltenes inficirt werden, was theilweise dem Boden von Rom entstammte. Dass es sich aber in Zürich nicht nach allen Richtungen hin, wo der Verkehr ging, fortpflanzen konnte, haben dort die Thatsachen der Verbreitung hinreichend gelehrt. Ich glaube, wenn die betreffende Familie aus Rom in Zürich im Hotel Bauer anstatt im schwarzen Wecken abgestiegen wäre, so wären vielleicht ein paar Infektionen im Hotel durch die Wäsche des Kindes erfolgt, aber die Krankheit hätte sich in dessen Umgebung

---

1) Zeitschrift für Biologie Bd. 4, S. 425.

nicht epidemisch ausgebreitet, so wenig als es im Krankenhause zu Erlangen der Fall war, nachdem der aus Augsburg mitgebrachte wirksame Infektionsstoff verbraucht war. Diess halte ich nicht einmal für eine Hypothese, sondern für eine Thatsache, da die Heftigkeit der Epidemie der Umgegend des schwarzen Weckens sich wirklich nicht auf's jenseitige Limatufer und auf die Umgebung des Hotel Bauer fortpflanzte.

Es hat sich auch in Zürich wieder auf's Deutlichste gezeigt, dass der eingeschleppte Cholerainfektionsstoff örtlicher und zeitlicher Bedingungen bedarf, und dass er nur an jenen Stellen ein epidemisches Auftreten nach sich ziehen kann, wo diese Bedingungen sich finden. Die Epidemie erschien 1867 an Stellen, die sie auch 1855 heimgesucht hatte (Niederdorf), verschonte aber diesmal Theile (Fluntern), die bei der früheren Heimsuchung stark zu leiden hatten. Die blossen Verkehrsverhältnisse, Wohlhabenheit oder Armuth vermögen die Ausbreitung der Cholera in Zürich ebensowenig, wie das Trinkwasser in Ostlondon zu erklären.

Alle Thatsachen zusammengenommen lehren sie uns immer, dass die specifische Choleraursache, theils in einer Form, wo sie sofort inficirend wirken kann, theils in einer Form, wo sie sich erst unter gewissen Bedingungen zum Infektionsstoff entwickeln muss, durch den Verkehr verbreitet wird. Die Thatsachen gestatten also nicht nur die Annahme, sondern weisen sehr bestimmt darauf hin, dass die specifische Ursache der Cholera von einem Orte zum andern in verschiedener Weise verschleppt wird, bald dass sie sofort inficirend wirkt, dass schon nach 2 bis 3 Tagen Erkrankungen an ausgebildeter Cholera erfolgen, bald in einer Weise, wo mehrere Wochen verstreichen, bis sich die ersten Infektionen durch Erkrankungen im Orte bemerklich machen. Das mag sich nun verhalten, wie es will, immer zeigt sich, dass die Bedingungen des Wachsthums bis zum Grade einer Epidemie in der Oertlichkeit und nicht in den Individuen liegen, sie finden sich nicht überall und selbst an ein und demselben Orte nicht immer. Erst wenn neben dem Keim- oder Infektionsstoff auch die örtlichen und zeitlichen Bedingungen gegeben sind, kann die Cholera in einem Orte epidemisch werden, und erst dann kann die individuelle Disposition der Menschen, an Cholera mehr oder weniger zu erkranken, welche noch von vielen mit der örtlichen und zeitlichen Disposition verwechselt oder geradezu für diese erklärt wird, und die zahlreichen Momente, wie: Wohlstand, Ernährung, Wohnung, Kleidung, Alter, Anstrengung, Gemüthsaffekte u. s. w., die alle wohl auf die individuelle, aber kaum auf die örtliche und zeitliche Disposition Einfluss haben, auch einen Einfluss auf die Zahl der Erkrankungen äussern.

Angebliche Beweise gegen den nothwendigen Einfluss von Boden- und Grundwasserverhältnissen und für die Verbreitung der Cholera durch den Verkehr und die individuelle Disposition allein.
Amtliche Choleraberichte.

Von den örtlichen Bedingungen wissen wir längst, dass die Cholera, wie noch einige andere Infektionskrankheiten, in allen Theilen der Erde den Alluvialboden vorzugsweise liebt. Der Alluvialboden besteht aber an verschiedenen Orten aus sehr verschiedenen Stoffen, die geognostische Natur des Alluviums scheint daher geringen Einfluss zu haben, denn die Cholera kommt auf dem Detritus aller Gebirgsformationen vor. Es scheint deshalb mehr die physikalische Aggregation, die Porosität, die Durchgängigkeit des Bodens für Wasser und Luft, welche Eigenschaft allem Alluvialboden gemeinsam ist, das entscheidende zu sein. Ferner liegt ein wirksames Moment in der verschiedenen Art der Durchfeuchtung, in dem verschiedenen Verhalten einzelner Bodenarten zum Wasser, und in den Schwankungen ihres Wassergehaltes, in welchen Verhältnissen sich auch die verschiedene geognostische Natur des Bodens bis zu einem gewissen Grade geltend machen kann. Von dem Einfluss verschiedenen Bodens selbst in ein und demselben Orte sind jetzt schon mehr Beispiele bekannt geworden, als nöthig wäre, um darauf aufmerksam zu sein. Ein genauer, auf eine sehr grosse Menge einzelner Fälle ausgedehnter Vergleich hat, wie schon im vorhergehenden gezeigt wurde, ergeben, dass die Porosität und Wasser- (Grundwasser) Verhältnisse des Bodens eine noch näher die zu erforschende, wesentliche Rolle gewiss nicht nur beim Choleraprocesse, sondern auch bei noch anderen Krankheitsprocessen, z. B.

beim Abdominaltyphus, spielen. Das darf mit derselben Sicherheit jetzt schon angenommen werden, als man von jeher geglaubt hat, dass die Ursache des Wechselfiebers mit Boden- und gewissen Wasserverhältnissen nothwendig zusammenhängt, wenn auch nicht allein daraus besteht. — Das Nämliche, was man gegenwärtig noch mit einigem Schein von Recht gegen den Einfluss vom Boden und Grundwasser auf die Cholera anführen kann, liesse sich alles auch auf das Wechselfieber anwenden.

Mein Freund Delbrück schrieb mir vor Kurzem: „Wenn jetzt die uralte Lehre, dass das Wechselfieber durch Sümpfe und Sumpfluft erzeugt, resp. seine Verbreitung dadurch begünstiget wird, jetzt zuerst und als etwas ganz Neues hingestellt würde, und es bildete sich eine grosse Partei, welche dagegen Opposition machen wollte, würde sie, darauf können Sie sich verlassen, binnen Kurzem ebenso viele Beispiele und Thatsachen gesammelt haben, wo Wechselfieber ohne Sumpfboden vorgekommen ist, ohne Ueberschwemmungen u. s. w. und ebenso wo es ausgeblieben ist, trotz Ueberschwemmungen und trotz Sumpfboden, als Ihre Gegner jetzt Beispiele finden, die mit Ihrer Grundwassertheorie im Widerspruch erscheinen."

Diese Worte aus dem Munde meines ersten und ältesten Mitarbeiters auf dem von mir bebauten Cholerafelde klingen für mich inhaltschwer, sie schildern kurz den gegenwärtigen Stand des Streites. Gleichwie die Aerzte gegenwärtig solche Zweifel über den Einfluss von Sümpfen auf das Wechselfieber unbeachtet liessen, wenn sie erhoben würden, und die Lösung scheinbarer Widersprüche unbedenklich einem genaueren Studium der Processe im Sumpfboden anheimstellen würden, ebenso nöthiget mich meine vielfache Erfahrung, die ich mir im Laufe von 15 Jahren jetzt gesammelt habe, es mit den Einwürfen meiner Gegner zu machen. Niemand kann mir nachsagen, dass ich meine Aufgabe leicht und oberflächlich genommen habe. Ich habe in so und so vielen Beispielen dadurch, dass ich an Ort und Stelle ging, mit Thatsachen nachgewiesen, wie weit die Voraussetzungen meiner Gegner unberechtigt waren und meine Anschauung berechtigt ist. In keinem Orte noch, wo ich gewesen war und den ich bezüglich der gemachten Einwürfe selbst untersucht hatte, konnten die Gegner ihre Einwürfe aufrecht erhalten, oder bei genauerer Nachforschung besser begründen, oder die Sachen anders finden, als ich sie gefunden und angegeben hatte.

Das scheint übrigens bisher noch wenig gefruchtet zu haben. Kaum, dass ich einen Einwurf in einem speciellen Falle widerlegt hatte, erhob man sofort wieder einen andern von der nämlichen Art, nur wieder an einem anderen Orte. Falsche Vorstellungen und Behauptungen meiner Gegner haben mich schon fast durch ganz Europa gejagt, und immer findet sich wieder ein neuer Ort, wo Menschen wohnen, die nicht sehen, was zu sehen ist und was ich sehe, oder die lieber auf Dinge sehen und halten, welche die thatsächliche Ausbreitung der Choleraepidemien schon längst nicht mehr zu erklären im Stande sind, und darüber alles andere vergessen.

Die Widersprüche haben sich grossentheils nur dadurch ergeben, dass die Gegner meinen Standpunkt so gering achteten, dass sie es nicht einmal der Mühe werth fanden, ihn mit Gewissenhaftigkeit einzunehmen, sie scheinen oft viel mehr blos nach Widersprüchen haschen, statt meine Lehre und die Thatsachen, auf denen sie ruht, wirklich prüfen, oder etwas Besseres an die Stelle setzen zu wollen.

Bezeichnend in dieser Hinsicht ist das Resultat einiger sogenannter amtlicher Berichte. In einem Berichte über die Cholera-Epidemie des Regierungsbezirkes Merseburg 1866[1]) heisst es: „Die von Pettenkofer vorgetragene Lehre über die Verbreitung der Cholera hatte unter den Aerzten in neuester Zeit so viel Anklang gefunden, dass die königliche Regierung glaubte, die ihr nachgeordneten Aerzte zu einer unbefangenen Prüfung derselben auf Grund der jetzt gemachten Erfahrungen auffordern zu sollen, zumal ihre grosse Bedeutung für die richtige polizeiliche Behandlung der Krankheit, falls jene Doctrin volle Wahrheit enthielte, nicht verkannt werden könnte." — Die hierauf erfolgten Antworten sind nun in drei Kategorien getheilt worden: a) Berichterstatter, welche der Doctrin von Pettenkofer in den Hauptpunkten beitreten, insbe-

---

1) Zeitschrift des k. preuss. statistischen Bureaus von Engel. Achter Jahrgang, S. 1.

sondere in der Contagiosität der Cholera ihr einziges Verbreitungsmittel sehen, — dafür stimmten 6 (Delbrück, Hartmann, Werner, Kalkoff, Hauffe, Bernhardi II); b) Berichterstatter, welche zwar die Contagiosität der Cholera anerkennen, sich aber durch ihre Erfahrungen ebensowenig berechtigt halten, der Pettenkofer'schen Doctrin beizutreten, als ihr zu widersprechen — in diesem Sinne berichteten 4 (Richter, Atenstädt, Finsch, Göring); c) Berichterstatter, welche die Contagiosität der Cholera anerkennen, aber der Pettenkofer'schen Doctrin widersprechen. Diese werden wieder in drei Unterabtheilungen getheilt: α) weil die Doctrin unerwiesen und hypothetisch sei — mit 13 Stimmen; β) weil die Cholera ausser der contagiösen Verbreitung sich auch spontan entwickeln könne — mit 14 Stimmen; γ) Berichterstatter, welche die Contagiosität der Cholera im gewöhnlichen Sinne schlechthin verneinen — mit 2 Stimmen. — Ich bin also weit überstimmt. Unter 39 Stimmen nur 6 unzweifelhafte und 4 zweifelhafte für mich, hingegen 29 unzweifelhafte gegen mich. Ich muss mich da mit manchem Wahlcandidaten und mit Herrn Regierungs- und Geheimen Medicinalrath Dr. Koch selbst trösten, der die Fragen gestellt und den Bericht über die Antworten gemacht hat. Er scheint noch ein Miasmatiker vom reinsten Wasser zu sein und zur Kategorie cγ zu gehören, wo er im Bunde der Dritte sein kann.

Um aber an einem Beispiele zu zeigen, was viele darunter verstehen, wenn sie von meinen Ansichten oder meiner Theorie sprechen, will ich die Motive der Abtheilung c, Unterabtheilung α, welche zunächst in Betracht kommt, aus dem Berichte von Dr. Koch wörtlich hier mittheilen. Die Unterabtheilungen β und γ liegen der gegenwärtigen Zeit zu ferne, und nähern sich zu sehr der Vorzeit von 1830. Ich rufe dann getrost einen Forscher vom Range Virchow's zum Schiedsrichter auf über diesen an mir geübten Ostracismus.

c) **Berichterstatter, welche die Contagiosität der Cholera anerkennen, aber der Pettenkofer'schen Doctrin widersprechen,**

α) **weil dieselbe unerwiesen und hypothetisch sei.**

1. Dr. Philipp referirt, dass die ersten Cholerafälle des Liebenwerder Kreises auf der Eisenbahnstation Burxdorf aufgetreten sind, nachdem ein an-

scheinend ganz gesunder Handlungsdiener aus dem inficirten Berlin dahin gekommen sei und seine Wäsche habe reinigen lassen. Die Mutter sei wenige Stunden darauf erkrankt und gestorben.

Nach Mühlberg sei die Krankheit ebenfalls durch Wäsche übertragen, welche eine zur Krankenpflege nach Burxdorf berufene Leichenwäscherin in die Heimat mitgebracht habe, nach deren Gebrauche die Kinder derselben erkrankt seien.

Ausserdem werden noch andere Fälle von schneller Erkrankung lediglich in Folge der Reinigung der Wäsche von Cholerakranken aufgeführt.

Weniger deutlich und nur in einzelnen Fällen habe die Leichenbehandlung Veranlassung zur Ansteckung gegeben.

Die grosse Mehrzahl der Erkrankungen sei aber zweifelsohne durch die Luft vermittelt. Für die Verbreitungsweise stelle Dr. Pettenkofer die zwei Bedingungen:

1. die Existenz des Contagii, das sich aus der Zersetzung der Excremente Cholerakranker oder solcher Personen entwickle, welche aus einem Choleraorte kommen;
2. eine eigenthümliche Bodenbeschaffenheit, nämlich feuchtes poröses Erdreich, welches mit menschlichen Excrementen, welche durchaus nicht von Cholerakranken herzurühren brauchen, imprägnirt sei, und das durch Zurückweichen des Grundwassers zu starken Exhalationen veranlasst werde.

Der Pettenkofer'sche „Cholerakeim" sei daher weder ganz ein Contagium, noch ganz ein Miasma, sondern eine Mischung von beiden.

Mit dieser Auffassung stehe aber im Gegensatze, dass in Mühlberg am 2. August in sechs verschiedenen, von dem zuerst ergriffenen ganz entlegenen, Häusern Cholerafälle eingetreten seien, und zwar in Folge des allgemeinen Schreckens, ohne die Möglichkeit einer persönlichen oder sachlichen Uebertragung. Der Hauptherd der Krankheit sei die südliche Seite des Stadtgrabens gewesen mit den schlechtesten und schmutzigsten Wohnungen und den ärmlichsten und unreinlichsten Bewohnern, während die nördliche Seite unter gleich tiefer Lage von der Krankheit völlig verschont geblieben sei.

Dieselbe Verschonung haben gegentheils die diesmaligen Krankheitsherde in der Choleraepidemie von 1852 erfahren, ohne dass in den Bodenverhältnissen irgend eine Aenderung eingetreten sei.

Schlechte, überfüllte, unreinliche, feuchte Wohnungen mit einem schlecht genährten, rohen Proletariate leisten aber nicht bloss der Cholera, sondern allen epidemischen und endemischen Krankheiten den stärksten Vorschub.

In dem dicht bevölkerten und armen Fichtenberg sei die Krankheit durch eine von Mühlberg nach einem flüchtigen Besuche heimgekehrte und am Durchfall leidende Frau in der Art eingeschleppt, dass ihre fünf Kinder schon nach 24 Stunden Leichen waren. Später sei die Krankheit in zwei ganz entfernten Häusern aufgetreten, bei völliger Sicherheit, dass ein persönlicher Verkehr nicht stattgefunden habe, da die Furcht gross genug gewesen, um selbst die Nähe des zuerst inficirten Hauses zu meiden. Unter dieser zweiten Krankenreihe habe sich auch eine an das Bett gefesselte und von allem Verkehr ausgeschlossene lte Frau befunden.

Pettenkofer schreibe nicht den frischen, sondern den in alkalische Gährung übergegangenen Excrementen Ansteckungskraft zu. Derselbe sei den Beweis schuldig geblieben, dass nicht auch die Haut und die Lungen den Ansteckungsstoff aushauchen. Der schon erwähnte Fichtenbergische Fall beweise sonnenklar, dass die Ansteckung der gesunden fünf Kinder binnen wenigen Stunden nur durch Exhalationen der Mutter erfolgt sein müsse, da sie aus Mühlberg schlechthin nichts mitgebracht habe, als ihre Person und ihre Kleider.

Dennoch müsse die Möglichkeit zugestanden werden, dass die Fäulniss der Excremente zur Verbreitung der Contagiums durch die producirten Gase beitrage. Diese seien aber dann bloss die Träger des trotz der Fäulniss noch restirenden Contagiums, nicht aber das Contagium selbst.

Im Ganzen aber sei die hier besprochene Behauptung Pettenkofer's gewagt und widerspreche den sonst bekannten Erfahrungen über die zerstörenden Wirkungen der Fäulniss auf Contagien.

2. Dr. Köppe bemerkt, dass im vergangenen Jahre alle Umstände zusammentrafen, um Torgau einen der Cholera günstigen Boden zuzuschreiben: sehr verbreitete Disposition zu gastrischen Beschwerden, starke Anfüllung der Stadt durch Truppen, durch Verwundete und Kranke im Militärlazareth, allgemein gedrückte Gemüthsstimmung. Dennoch fand trotz achtmaliger Einschleppung der Krankheit nur einmal eine Verbreitung auf das städtische Krankenhaus durch einen Vagabunden statt, in welchem Hause dann von 14 Personen 10 erlagen. Dabei sei gerade das Krankenhaus äusserst reinlich unter sorgfältiger Desinfection der Abtritte gehalten.

Die Hospitaliten seien ohne Ausnahme von panischer Furcht ergriffen gewesen, die sich natürlich durch die Vorkehrungen zur Verhütung der Ansteckung nicht gemindert hätte.

Referent habe nicht das mindeste Bedürfniss gefühlt, nach Cholerakeimen zu suchen; die starke Depression des *nervus sympathicus* und *plexus solaris* habe ihm den Vorgang zur Genüge erklärlich gemacht.

Diese Depression müsse unter Familiengliedern noch viel grösser sein, wenn die Seuche in ihre Mitte eingekehrt sei; das Räthsel des raschen Umgreifens erkläre sich ohne Mühe, sobald man nur die Augen weit genug aufmache.

Wenn auch manche Thatsachen dafür sprechen, dass bei der Cholera eine besondere Art von Contagium wirksam sei: so müsse es doch andererseits fraglich erscheinen, ob sie als ein wichtiger Factor der Verbreitung anzusehen sei. Es seien mehrere Fälle der ganz isolirten Erkrankung vorgekommen, in welchen jede Möglichkeit einer stattgehabten Ansteckung ausgeschlossen sei. Auch im Krankenhause, wo am ersten eine Ansteckung anzunehmen gewesen wäre, könne er sie nicht anerkennen, da die Krankheit hier sofort zum Stillstand gekommen sei, nachdem es ihm mit Hülfe reichlicher Portionen von Kümmel-Branntwein gelungen sei, das Hauptagens, die Furcht, zu dämpfen.

Auch habe ein Blödsinniger im Krankenhause seine Immunität bewahrt, obwohl er fortwährend mitten unter den Cholerakranken sich aufgehalten habe.

Noch weniger als die diessjährige Epidemie stimmen die Erscheinungen der unerhört schweren von 1850 mit jener Lehre überein, wo bei sehr geringem Umfange der Krankheit plötzlich nach einem heftigen Gewittersturm und Abkühlung der Luft auf grosse Hitze die wohlhabenden Umwohner des Marktes binnen 3 Tagen Hunderte von Opfern lieferten, was allem Anscheine nach einer spontanen Entwickelung der Epidemie in Folge einer zur Verzweiflung gesteigerten Furcht, in Verbindung mit plötzlicher Erkältung, zuzuschreiben sei.

Man könne die Frage der Contagiosität auf sich beruhen lassen und müsse doch gegen Alles zu Felde ziehen, was nach der Erfahrung der Cholera Nahrung geben könne.

3. Dr. Kanzler hält die Contagiosität der Cholera für erwiesen: weil sie ausser einzelnen eingeschleppten Fällen die übrige Stadt freigelassen und sich nur auf drei Herde concentrirt habe; weil mehrere Personen unmittelbar nach der Reinigung von Cholerawäsche erkrankten; weil häufig mehrere Mitglieder derselben Familie von der Seuche ergriffen seien, einmal mit 8, zweimal mit 4 Erkrankungen, ohne dass andere mitwirkende Ursachen zu entdecken gewesen; weil mehrmals völlig gesunde, aber von Cholerakranken kommende Personen auf Andere die Krankheit übertragen haben. Dabei habe aber Referent sich von der Richtigkeit der Pettenkofer'schen Doctrin nicht überzeugen können.

Er sehe keinen Grund, warum das Choleracontagium ganz anders zur Wirksamkeit gelangen solle, wie andere Contagien, insbesondere weshalb die Cholerakeime der Auswurfstoffe in die Erde dringen, hier einer gifterzeugenden fauligen Gührungsprocess eingehen, sich unterirdisch weiter verbreiten, schliesslich wieder aus dem Erdreich aufsteigen und Ansteckung bewirken sollen.

4. Dr. Bernhardi I. bestreitet, dass Leichen noch einen Ansteckungsstoff erzeugen, höchstens könnten sie als leblose Träger des Contagiums wirken. Die Reinigung der Wäsche, zumal mit älterer Verunreinigung, erscheine vorzugsweise gefährlich, während diess von dem blossen Verkehr und Contact mit Kranken kaum behauptet werden dürfe.

Rücksichtlich der Pettenkofer'schen Theorie fasse Referent seine Aufgabe dahin auf, zu prüfen, ob in der Epidemie Erscheinungen vorgekommen seien, welche der Verbreitungsweise anderer contagiöser Krankheiten, wie der Pocken, entsprechen, oder aber ob nach einem ganz andern Modus das Contagium gesucht werden müsse. Referent glaube nun, dass die Verbreitungsart in Nichts von derjenigen der Pocken abweiche, und dass gar keine Veranlassung vorliege, auf eine so künstliche und desshalb unwahrscheinliche Annahme zu verfallen, es verbreite sich das Contagium unterirdisch und zwar durch faule Gährung des ursprünglichen Trägers in einem humosen Boden, welcher demnächst das Gift aushauche oder dem Brunnenwasser mittheile. Die grosse Zahl von sporadischen Krankheitsfällen sei mit dieser Annahme völlig unvereinbar.

Viel grössere Wahrscheinlichkeit habe die Annahme für sich, dass die diessjährige ausserordentlich heftige Epidemie mit einer bedeutend grössern Energie des Contagiums vergesellschaftet gewesen, ausserdem aber durch die Geist und Körper tief deprimirenden Zeitverhältnisse reiche Nahrung erhalten habe.

5. Dr. Merker, jetzt Kreisphysikus in Sangerhausen, führt aus dem Eckartsberger Kreise als Beweise der Contagiosität der Cholera an, dass in Kindelbrück eine Leichenfrau durch Verstreuen des Bettstrohs eines Choleratodten auf den Düngerhaufen des Hofes die Krankheit auf ihre Kinder und Nachbarn übertragen habe.

In Büchel sei im Armenhause ein Blödsinniger an der Cholera gestorben, nachdem er das Bett eines kürzlich vorher Erlegenen benutzt habe.

Auch in Kölleda sei eine grössere Zahl von Erkrankungen beobachtet, welche auf Uebertragung sich zurückführen liessen.

Während der ganzen Dauer der Epidemie litten in allen Theilen der Stadt Viele an Kollern im Leibe und Durchfall, letzterer von ungewöhnlicher Erschöpfung begleitet, während für die eigentliche Cholera sich ganz ansehnliche Ansteckungsherde formirt haben.

Die bei Weitem stärkste Zahl der Erkrankungen, noch mehr aber der Sterbfälle, habe der Arbeiterstand geliefert, während auf den kleinen Handwerkerstand nur ein sehr geringer Beitrag gefallen sei. Erstere lebten in überfüllten Wohnungen und haben im Allgemeinen sich schlecht genährt.

Die Verpflegung sei nur von Familiengliedern ausgeführt, da alle Uebrigen aus panischer Furcht Cholerahäuser vermieden haben.

Das Contagium scheine ziemlich fix zu sein und nur auf kurze Entfernungen wirksam zu werden. Anders verhalte es sich nach eingetretenem Sturme am 3. September, nach welchem die Krankheit in verschonte Stadttheile und in die bessern Stände eingedrungen sei.

Ausser der schlechten Ernährung haben besonders Erkältungen zur Ausbreitung beigetragen, während grobe Diätfehler nur selten als mitwirkende Ursache anzuschuldigen gewesen. Es sei mehrfältig bemerkt worden, dass das Contagium von leichten Krankheitsfällen unter Umständen die schwersten veranlasst habe, und umgekehrt.

Die grössere Hälfte der Erkrankungen seien einzeln geblieben, was als Folge der sorgfältigen Desinfektion angesehen wird.

Die Epidemie gewähre für die Pettenkofer'sche Lehre keine Anhaltepunkte, und sei Referent ebenso wenig, wie die übrigen Aerzte des Kreises und der Nachbarschaft (Dr Wolf, Gernhardt) mit Ausnahme eines Collegen, ihr günstig.

6. Dr. Rudolph erklärt, obwohl er in der Umgegend von Eckartsberga nur wenige Cholerafälle zur Behandlung bekommen habe, der Pettenkofer'schen Doctrin nicht zustimmen zu können. Nach dem Choleraregulative des Letztern solle die Cholera lediglich durch den Verkehr der Menschen verbreitet werden, und hafte der Ansteckungsstoff an den Darmausleerungen solcher Personen, welche an Durchfall oder Cholera leiden. Dem sei zu entgegnen, dass die Choleracordons als völlig unwirksam sich erwiesen haben, und dass die Krankheit nicht von einem Dorfe zum andern, sondern sprungweise sich zu verbreiten pflege.

In jener Schrift gebe Pettenkofer keinerlei Grund zur Unterstützung des dreisten Dogmas an, dass der Cholerakeim lediglich in den *faeces* enthalten sei und erst ausserhalb des Körpers zur Entwickelung gelange, ein Dogma, das einen sehr mühsamen und für die derzeitigen Hülfsmittel wahrscheinlich unmöglichen Beweis fordern würde.

7. Dr. Runde bemerkt: Die Uebertragung der Krankheit war gewöhnlich heftigen Gemüthsbewegungen und nervösen Aufregungen zuzuschreiben, nicht minder den ausdünstenden Gasen aus den Darmausleerungen. Am deutlichsten ist diess in dem häufigen Erkranken nach Reinigung der Wäsche bemerklich gewesen. Folgende Fälle von besonders auffälligen Ansteckungen werden vorgeführt.

In Braschwitz wurde im Juli ein mit gebrannten Steinen gepflastertes Zimmer als Leichenkammer benutzt, demnächst zu Ende des August gründlich gereinigt und geweisst. In der ersten Woche des October sei das Zimmer von einer Familie bezogen worden, und nach 6 Tagen seien 3 Kinder heftig an der Cholera erkrankt, obwohl seit August das Dorf von der Krankheit frei geblieben sei.

In Schiepzig sei eine Stube, in welcher früher mehrere Cholerakranke gestorben, zweimal tüchtig gescheuert, geweisst, mit Chlor ausgeräuchert worden. Nach längerem Leerstehen sei sie von einer aus einem cholerafreien Orte angezogenen Familie eingenommen worden, mit der Folge, dass schon am 4. Tage mehrere Kinder erkrankt seien. Referent nimmt an, dass das Contagium aus den Steinfugen aufgestiegen und die Stubenluft vergiftet habe.

Die Pettenkofer'sche Theorie wegen Vergiftung des Brunnen- oder Grundwassers habe gar keine Wahrscheinlichkeit. Ehe ein solcher Erfolg habe eintreten können, sei die ganze Epidemie verlaufen, deren kurze Dauer doch mit der Vergiftung des Bodens sich nicht vereinbaren lasse.

8. Dr. Woppisch bekundet, dass nach Zeitz die Cholera theils durch kranke Soldaten, theils durch Einheimische, welche zur Beerdigung auswärts wohnender, an der Cholera verstorbener Verwandten verreist waren, übergeführt sei, ohne dass diess andere Folgen gehabt hatte, als dass eine alte gebrechliche Person im Krankenhause nachgefolgt sei.

In zwei Fällen habe nicht die mindeste Berührung mit Cholerakranken oder deren Effecten ermittelt werden können. Das Gleiche gelte von weiteren Erkrankungen. Referent schliesst, dass die Cholera in Zeitz 1866 so wenig wie 1850 aus dem Samen des Choleracontagiums entstanden, noch weniger dass der durch Fäulniss vervielfältigte zur Wirksamkeit gelangt sei.

Am wenigsten lasse sich das Brunnenwasser anschuldigen, das in langen und vor allem Eindringen fremder Flüssigkeiten geschützten Röhrfahrten der Stadt zugeführt werde.

Der Cholera seien Keuchhusten, *Diphteritis*, Masern, Ruhr, Abdominaltyphus, Pocken vorhergegangen, alle ohne erheblichen Umfang. Fast Jedermann habe unangenehme Empfindungen im Bauche und Neigung zu leicht vorübergehender Diarrhöe gehabt. Der Grund des gelinden Auftretens der Krankheit sei in dem Umstande zu finden, dass die Epidemie im Wesentlichen schon abgelaufen sei, ehe sie nach Zeitz gelangte.

9. Dr. Kessel bestätigt die Wahrnehmung des Dr. Woppisch, dass nach dem ersten Cholerafalle allgemeine Flatulenz, Unbehaglichkeit, Druck in der Magengegend und Neigung zu Diarrhöen aufgetreten seien.

Ueber die Pettenkofer'sche Doctrin bezüglich der Entfernung und Ausbreitung der Cholera wird geurtheilt, dass sie nicht überall zutreffe und aus einer zu einseitigen chemischen Auffassung der Thatsachen hervorgegangen sei.

10. Kreischirurg Kegel erklärt die Cholera für contagiös und schreibt Diätfehlern, Erkältung, Furcht und Angst eine bedeutende Mitwirkung zur Verbreitung zu; ja er hält es für sehr wohl möglich, dass sie bei mehrfältigen Erkrankungen in einer Familie vorzüglich wirksam gewesen seien.

Die Pettenkofer'sche Doctrin treffe in der Hettstädter Epidemie nicht zu. Die bei Weitem meisten Erkrankungen seien in hoch und gesund gelegenen Wohnungen erfolgt, fern von den benutzten Brunnen, deren Umgebung ganz cholerafrei geblieben sei.

11. Dr. Schwartz berichtet von einem plötzlichen, auf einen nur kleinen Kreis beschränkten, dennoch heftigen Ausbruch der Cholera in Seyda am Tage nach einem Jahrmarkte, an dem auch Verkäufer aus Cholera-Orten Theil genommen hatten. Die Bewohner der von der Seuche ergriffenen vier Häuser hatten einen Brunnen in der Nähe eines versumpften stehenden Wassers auch zum Trinken benutzt, in welchem schon mit unbewaffnetem Auge Infusorien entdeckt wurden. Die Benutzung der Abtritte der inficirten Häuser durch Fremde konnte bei aller Sorgfalt nicht ermittelt werden.

Referent hält die Krankheit für ansteckend, besonders für die Pfleger; das Contagium hafte an den Ausleerungen, nicht an den Effecten, Leichen und Wohnungen.

Die Pettenkofer'sche Behauptung, dass das Contagium sich erst dann entwickele, nachdem die Ausleerungen in Folge der Fäulniss alkalisch reagiren, wird für Hypothese erklärt.

12. Dr. Günther fand in Jessen nur zwei Fälle, in welchen eine Uebertragung der Cholera sich nicht habe nachweisen lassen; in den übrigen sei die Ansteckung durch inficirte Wohnungen, Effecten und durch Leichenbesorgung erfolgt, entschieden aber nicht durch faulende Ausleerungen, weil diese am Orte gar nicht haben zur Fäulniss gelangen können. Die Annahme einer Vergiftung des Brunnenwassers in Cholera-Orten greife nach dem Weitesten von dem Entferntliegenden.

13. Dr. Wiedemann hält nach seinen Erfahrungen in Schraplau und Umgegend alle Ausscheidungen Cholerakranker: Athem, Schweiss, Urin, neben den Excrementen für ansteckend. Die Pettenkofer'sche Theorie sei zwar verführerisch, aber wegen der wesentlich epidemischen Natur der Krankheit nicht acceptabel.

Also einmal besteht meine Theorie nur in der Fermentation der Excremente, ein anderes Mal in Vergiftung des Trinkwassers oder Grundwassers, bald soll ihr der Einfluss der Furcht, dann der Bewusstlosigkeit, hervorgebracht durch Kümmelbranntwein, dann der Umstand widersprechen, dass auch 1866 wie immer die individuelle Disposition ihren Antheil an der Zahl der Erkrankungen gehabt hat, als ob ich letzteres je in Abrede gestellt und nicht selbst bei jeder Gelegenheit hervorgehoben hätte; andere werfen ein, dass Häuser in der Höhe mehr gelitten hätten, als in der Tiefe, als ob ich das noch nie beobachtet hätte u. s. w. Ich möchte wissen, welche von meinen Arbeiten jeder der 13 Herren gelesen und nicht gelesen hatte, das würde vielleicht manches erklären. Was mir das Wesentlichste gewesen wäre, was allein entscheidend sein könnte, genaue vergleichende Untersuchungen über die Boden- und Grundwasserverhältnisse der einzelnen Orte und Ortstheile — davon allein findet sich nichts erwähnt. Hätte man diese gehabt, so würde sich wahrscheinlich ebenso ungezwungen, wie das Verhalten der Cholera in Lyon, auch (im Falle 26)[1]) die Thatsache erklären lassen, dass 1850 in Schkeuditz allein sich 600 Cholerafälle zeigten, und gerade die hochgelegenen und von Wohlhabenderen bewohnten Stadttheile vorzugsweise ergriffen waren, und die in der Nähe der Elster gelegenen und von den ärmeren Einwohnern bewohnten Häuser verschont blieben, während 1866 die Stadt Schkeuditz von der Krankheit kaum berührt wurde. Für solche örtliche Erscheinungen sind doch nur örtliche Ursachen denkbar, und weder kosmische, noch allgemein tellurische, und auch nicht die socialen und Verkehrsverhältnisse vermögen sie zu erklären. Ich halte es für überflüssig, gegen diese Einwürfe aus dem Regierungsbezirk Merseburg noch mehr zu sagen, sie tragen ihre Widerlegung in sich selbst.

Auf einem ebenso negativen Standpunkte stehen die amtlichen Berichte über die Choleraepidemien auf dem bayerischen und badischen Kriegsschauplatze in Franken von den Herren Vogt und Volz, aus denen eigentlich nur hervorgeht, dass die Cholera auch in Franken sich durch den Verkehr verbreitet habe, dass aber die wenigsten Orte eine Empfänglichkeit für die epidemische Entwickelung der Krankheit zeigten. Zur Erklärung dieser auffallenden Erscheinung werden die üblichen Hilfsursachen: Trinkwasser, Bodenfeuchtigkeit im Allgemeinen, Menschenanhäufung, Armuth, Unreinlichkeit, schlechte Nahrung, animalisirte Luft u. s. w., bald allein für sich, bald in beliebigen Legirungen zur Erklärung nach Bedarf und Gutdünken herbeigezogen, in einer Weise, nach der zuletzt alles und damit auch nichts bedeutend ist, und am Schluss der Rechnung herauskommt, dass der Genuss von Branntwein gleich einem feuchten Boden oder gleich Unreinlichkeit oder irgend einer Schädlichkeit sein kann. Es ist das dasselbe unwissenschaftliche Gebahren, als wenn man z. B. bei der Alkoholgährung die Rolle von Hefe und Zucker von allen möglichen Bestandtheilen übernehmen lassen wollte, welche in gährenden Flüssigkeiten vorkommen. Bequem ist diese Methode der Erklärung allerdings, — man kann nie in Verlegenheit kommen; ich möchte den Ort

---
[1] a. a. O. S. 13.

kennen, wo es keine Armuth oder Unreinlichkeit gibt oder wo Niemand einen Diätfehler begeht oder Angst vor dem Sterben hat. Diese beiden Autoren sagen, sie hätten keine wesentlichen Unterschiede in den Boden- und Grundwasserverhältnissen der ergriffenen und freigebliebenen Orte nachweisen können, und glauben darauf hin, eine negative Stellung annehmen zu müssen. Wo haben sie denn aber von ihren zahlreichen Hilfsmomenten, die sie im Munde führen, und die sie für wichtig erklären, z. B. Armuth, animalisirte Luft etc., nur im geringsten einen Unterschied zwischen den ergriffenen und freien Orten nachgewiesen? Sie behaupten das eine, weil sie daran glauben, und verneinen das andere, weil sie nicht daran glauben. Glauben oder nicht glauben ist ihr wesentlicher wissenschaftlicher Standpunkt.

In der Beilage zur Allgemeinen Zeitung vom 28. März 1869 erschien eine interessante Zusammenstellung der Choleratodesfälle in den einzelnen Provinzen Oesterreichs im Kriegsjahre 1866, verglichen mit dem vorausgehenden Jahre 1865, wonach in letzterem Jahre nur 422, in ersterem hingegen 165292 Menschen an Cholera in Oesterreich starben, was Manchem beweisen wird, einmal dass der Krieg die Seuche bis zu dieser Höhe gesteigert habe, dann dass wesentlich nur die Landestheile gelitten haben, welche der Schauplatz des Krieges waren oder mehr als andere mit den Truppenbewegungen irgendwie zusammenhingen. So sehr auch ich der Ansicht bin, dass Kriege mit ihren Truppenbewegungen und sonstigem Elend für Cholera höchst förderlich sind, insoferne nicht nur eine Massenverbreitung von Cholerakeim damit verbunden ist, wie sie sonst nicht leicht erfolgt, sondern auch grosse Menschenmassen auf örtlich und zeitlich disponirte Landestheile zusammengedrängt werden, von denen sonst ein grosser Theil an immunen oder gering disponirten Orten leben würde, — so wenig kann ich mir denken, dass der Krieg die Cholera vom Jahre 1865 auf 1866 im Verhältniss von 422 zu 165292 in Oesterreich gesteigert hätte. Ich bin überzeugt, die Zahl der Cholerafälle wäre in Oesterreich im Jahre 1866 nicht viel geringer gewesen, wenn es auch Frieden geblieben, und der Krieg nicht ausgebrochen wäre. Wer bedenkt, wie heftig die Cholera in Oesterreich 1854 und 1855 herrschte, ohne dass das Land in einen Krieg verwickelt war, der wird sich hüten, den Schluss zu ziehen, zu dem der Sensationsartikel: „Der Krieg von 1866 und die Seuchenstatistik" verleiten könnte. Luxemburg, Belgien und Holland waren am deutschen Kriege nicht betheiligt und doch hatten sie im Jahre 1866 die zahlreichsten und heftigsten Choleraepidemien, welche diese Länder je heimgesucht haben. In Preussen waren diejenigen Landestheile und Städte, welche keine Truppen vom Kriegsschauplatze empfangen, sondern im Gegentheil ihre Besatzungen dorthin evacuirt hatten (z. B. Königsberg, Stettin, Berlin) nicht minder ergriffen, als andere Städte, welche mit solchen Truppen vom Kriegsschauplatze überfüllt waren, ja mehrere solcher Städte blieben trotz aller Einquartierung inficirter Truppen von Epidemien ganz frei.

Wenn ich endlich das Kriegs-Cholerajahr 1866 mit dem Friedens-Cholerajahr 1854 in Bayern vergleiche, so müsste ich sogar den Schluss ziehen, dass der deutsche Krieg der Cholera sehr hinderlich gewesen sei, denn im Jahre 1854 verlor Bayern gegen 10,000 Menschen an Cholera, im Kriegsjahre 1866 nicht 1000. Solche Irrthümer werden aber so lange wiederkehren, bis man den bedingenden Einfluss der örtlichen und zeitlichen Disposition nicht mehr geringer schätzen wird, als den Einfluss des Verkehrs und jedenfalls höher als den Einfluss der individuellen Disposition. Der Einfluss des Verkehrs wird gegenwärtig von den Meisten ebenso blindlings als allein entscheidend angenommen und überschätzt, als er in den Dreissiger Jahren blindlings verneint und unterschätzt wurde.

Ich setze den Fall, die Herren Vogt und Volz hätten den Glauben von der Verbreitung der Cholera durch den Verkehr nicht schon geerbt, sondern hätten ihn sich erst durch ihre Untersuchungen in Franken mühsam erwerben müssen; ich glaube, es wäre ihnen nicht gelungen, wenn sie die Thatsachen genauer geprüft hätten. Beide schuldigen wesentlich die hanseatischen Truppen an, dass diese die Cholera auf den fränkischen Kriegsschauplatz gebracht, was ohne Zweifel auch der Fall ist. Dr. Cordes hat mir eine ganz genaue amtliche Marschroute der Bataillone von Hamburg und Lübeck verschafft, die ich bei einer andern Gelegenheit noch näher verwerthen werde.

Die Lübecker Bataillone blieben frei von Cholera, hatten nur Cholerinen, hingegen die Hamburger litten daran. Die Infanterie ging am 22. Juli von Hamburg mit der Eisenbahn ab. Theile dieses Truppenkörpers verweilten vom 23. Juli bis zum 26. August an verschiedenen Orten Frankens:

$\frac{1}{2}$ Tag und 1 Nacht in Frankfurt a/M.,
1 Tag und 2 Nächte in Aschaffenburg,
1 Nacht in Miltenberg,
$\frac{1}{2}$ Tag und 1 Nacht in Wüstenzell und Holzkirchen,
2 Tage in Gerchsheim,
2 „ „ Schönfeld,
8 „ „ Grünsfeld,
9 „ „ Messelhausen,
9 „ „ Vilchband,
9 „ „ Ober- und Unter-Ballbach,
5 „ „ Distelhausen,
5 „ „ Dittigheim,
4 „ „ Kützbrunn,
3 „ „ Zimmern,
5 „ „ Lauda,
5 „ „ Ober-Lauda,
16 „ „ Schweigern, Boppstadt, Ober-Wittstadt, Unter-Schüpf, Sachsenflur,
17 „ „ Boxberg, Wölchingen, Angelthürn, Ballenberg,
18 „ „ Unter-Eibigheim,
15 „ „ Unter-Wittstadt,
14 „ „ Windischbuch,
14 „ „ Deinbach,
3 „ „ Unterschüpf,
2 „ „ Langenrieden,
2 „ „ Kupprichhausen,
1 „ „ Berolsheim,
3 „ „ Assamstadt, Kleppsau, Neunstetten,
2 „ „ Werbach,
2 Nächte „ Rosenberg und Hirschlanden.

Also über 40 Ortschaften wurde der Cholerakeim innerhalb eines Monats in Franken ausgestreut, von denselben Truppentheilen. Man frage sich nun, wo zeigten sich Epidemien, wo einzelne Fälle, wo gar nichts? Darunter sind 4 Orte mit Epidemien (Gerchsheim, Schönfeld, Grünsfeld und Dittigheim), dann 13 Orte mit sporadischen Fällen, (Holzkirchen, Vilchband, Kützbrunn, Zimmern, Schweigern, Unterschüpf, Boxberg, Wölchingen, Angelthürn, Untereubigheim, Windischbuch, Assamstadt und Wörbach) und endlich 23 Orte, wo sich gar keine Cholera zeigte. Zwar hat Herr Vogt (S. 2) gesagt: „Wo diese Truppen mit der Bevölkerung zusammenkamen, liessen sie den Keim der Krankheit zurück, und es brach die Cholera ohne Vorläufer mit überraschender Schnelle und Heftigkeit aus"; dennoch aber ist gerade nur das Gegentheil die Regel, und Ortsepidemien sind seltene Ausnahmen.

Welch ein grosses Glück, dass schon so viele Medicinalbeamte an die Verbreitung der Cholera durch den Verkehr glauben — denn mit solchen Thatsachen, worauf die amtlichen Choleraberichte ruhen, könnte man es selbst ihren Verfassern nicht entfernt auch nur wahrscheinlich machen, wenn sie nicht schon vorher gläubig gewesen wären. Man dürfte nur wollen, und man könnte auf Grundlage der Thatsachen von 1866 in Franken den Streit zwischen Contagionisten und Miasmatikern wieder ebenso lebhaft schüren und gründlich führen, wie 1836.

Warum nun glauben so Viele noch nicht an den Einfluss von Boden und Grundwasser, und einige Wenige so fest? Ich glaube, dieser Mangel an Glauben hat einen einfachen Grund. Die meisten Ungläubigen haben sich weder mit Studien über die Verbreitungsart der Cholera überhaupt, noch viel weniger mit Studien über Boden und Grundwasser näher befasst. Herr Vogt sagt desshalb mit ebensoviel Recht als Bestimmtheit: „Warum die Cholera in einem Orte epidemisch auftritt, in dem andern nicht, unter ganz gleichen Verhältnissen des Bodens und Grundwassers, wie unsere Untersuchungen ergaben, darauf vermag ich keine Antwort zu geben, aber Herr v. P. ebensowenig." Darin liegt's, dass die Untersuchungen des Herrn V. ihm kein Recht, selbst nicht entfernt geben, dem Boden oder Grundwasser auch nur den geringsten Einfluss zuzusprechen; aber darin irrt er, dass er glaubt, sie geben ihm ein Recht zum Gegentheil, gegen ihren Einfluss zu sprechen. Ich weiss in den Fällen, die ihm vorgelegen haben, ebensowenig Antwort auf seine Frage zu geben und zwar aus demselben Grunde wie Herr Vogt; denn auch ich habe in den betreffenden Orten keine Untersuchungen gemacht.

Dass Derjenige, welcher sich nicht auf meinen Standpunkt stellt, die Dinge ganz anders sieht als ich, und Vieles gar nicht, darf kein Staunen erregen; er darf dann aber auch nicht behaupten, dass ich falsch sehe. Ich habe Herrn Vogt schon bei einer andern Gelegenheit entgegengehalten[1]), 1) dass er nicht von einem einzigen Orte, der ihm für sein absprechendes Urtheil über den Einfluss der Grundwasserverhältnisse als Beleg gilt, letztere durch Beobachtungen und Untersuchungen kennt, 2) dass er nicht weiss, unter welchen Umständen der Stand des Wassers in den Brunnen eines Ortes auch ein Ausdruck für den Wechsel der Durchfeuchtung der darüber liegenden Schichten ist, dass er überhaupt die Definition vom Grundwasser nicht kennt, und 3) dass er die Permeabilität eines Bodens für Wasser und Luft nicht nach dem Grade seiner Porosität, sondern nach der Festigkeit seines Zusammenhangs beurtheilt. Hr V. scheint diese 3 Punkte nicht für Einwürfe gehalten zu haben[2]), sondern fasst sie als „persönliche Invectiven" auf, wesshalb er auch sehr leicht darüber hinweg geht. Ueber den ersten Punkt findet sich in seiner Erwiderung gar nichts. Von einer Beachtung des zweiten Punktes zeugt eine Stelle, wo Hr. V. sagt: „Wie? Nicht verstehen was Grundwasser ist? Das weiss in Würzburg jeder Lehrjunge, — der Wasserspiegel im Boden." Hätte Hr. V. sich doch den Lehrjungen zum Muster genommen, und mehr nach dem Wasser im Boden und nicht bloss nach dem Wasserspiegel in den Brunnen gesehen. Ich habe doch so oft schon auf die zahlreichen Fälle aufmerksam gemacht, wo das sehr zweierlei ist, wo sich in verschiedenen Schichten oft nur vorübergehend in gewissen

---

1) Aerztliches Intelligenzblatt, München 4. Februar 1869 S. 39.
2) S. ärztliches Intelligenzblatt 21. Januar 1869 S. 18.

Zeiten, Grundwasser herstellt, was zur Speisung von Brunnen nicht dienen kann, wozu man die erforderliche Wassermenge oft erst in viel grösserer Tiefe findet. Ich kenne zwar die Schichtungsverhältnisse von Waldbrunn nicht, auf das er sich beruft, und aus dem Berichte des Hrn. Vogt lässt sich auch nicht viel ersehen, aber Eines ist mir aufgefallen, nämlich die Lage des Ortes am Abhange eines Hügels und die Wasserarmuth und Tiefe der Brunnen. Man hat mehrere Keller an diesem Abhange feucht gefunden, „allein das rührte von dem Regenwasser her. Grundwasser existirt in dem hochgelegenen Orte nicht." Und doch sagt Hr. V. kurz vorher, dass der Abhang, auf dem Waldbrunn liegt, bis zu einer Tiefe von 6 Fuss aus grünlich grauem Letten mit Kalkgerölle und stellenweise aufgelagerten Lehmschichten bestehe. Nimmt man den unmittelbar darunter liegenden Muschelkalk als compact an oder nicht, so verhält sich diese poröse Schichte gegenüber den atmosphärischen Niederschlägen doch immer der Art, dass ich, ohne dort gewesen zu sein und Beobachtungen gemacht zu haben, zu behaupten wage, dass es in diesen obersten Schichten öfter zur Bildung von Grundwasser auf kürzere oder längere Zeit kommen muss, das nur nicht im Stande ist, Brunnen zu speisen, weil es zu wenig Zufluss und Nachhaltigkeit hat. Hr. V. scheint auch nicht zu bedenken, dass alles Grundwasser nur Regenwasser ist, welches in den Boden eingedrungen ist, und er belegt willkürlich nur das Wasser in Brunnen mit dem Namen Grundwasser. Wie mir scheint, hat auch er sich zu seiner irrthümlichen Vorstellung durch meine Grundwasserbeobachtungen in München verleiten lassen, wo allerdings in Folge der Bodenbeschaffenheit der Spiegel der Brunnen stets in derselben Ebene wie das Grundwasser liegt. Wer etwas über das Grundwasser und seine Schwankungen in Waldbrunn angeben wollte, müsste dort ganz anders verfahren und beobachten, als ich es in München mache; — die zwei Brunnen dort (der eine 125, der andere 80 Fuss tief) sind jedenfalls ganz unbrauchbar, um sich ein Urtheil über die wechselnde Menge und Bewegung des Wassers in der Schichte zu bilden, auf welcher Waldbrunn erbaut ist. Dass sich Hr. V. auf diesen Fall beruft, zeigt deutlich, dass er unter Grundwasser etwas ganz anderes versteht, als ich.

Ebenso wenig wie den Boden und das Grundwasser von Waldbrunn kenne ich die senkrecht aufsteigenden Felsenwände von Buntsandstein, an denen die „Choleraschwalbennester" von Rothenfels hängen, aber doch weiss ich, dass der Schluss falsch ist, den Hr. V. bei dieser Gelegenheit zieht, dass nämlich der tausendjährige Mainzer Dom nicht mehr stehen könnte, wenn der Buntsandstein, aus dem er erbaut ist, porös wäre. Auf Malta findet man Bauten noch aus der Zeit der Phönizier, und doch besteht der dortige Baustein zum dritten Theil seines Volums aus Poren. Ich habe die Porosität des Sandsteins an der betreffenden Localität in Rothenfels ebensowenig wie Hr. V. bestimmt, wir können daher beide nichts bestimmtes darüber aussagen, aber der Stein scheint mir doch einen hohen Grad von Porosität zu haben, wie aus einer schon oben S. 206 mitgetheilten Stelle des amtlichen Berichts hervorgeht.

Hr. V. hat sich wesentlich auf diese zwei Orte, auf Waldbrunn und Rothenfels berufen. So beweiskräftig Waldbrunn für meinen zweiten Einwurf ist, dass Hr. V. die Definition vom Grundwasser nicht kennt, so sicher thut Rothenfels dar, dass auch mein dritter Einwurf gerechtfertigt war, dass Hr. V. wirklich die Permeabilität eines Bodens nicht nach dem Grade seiner Porosität, sondern nach der Festigkeit seines Zusammenhanges beurtheilt. Wichtig scheint mir noch zu erwähnen, dass diese beiden Beispiele nicht von mir, sondern von Hrn. V. selbst ausgewählt worden sind.

Was mir an dem fränkischen Cholerafelde von 1866 von Anfang an aufgefallen ist, ist seine merkwürdige Begränzung innerhalb des Dreiecks, welches die Krümmung des Maines einschliesst, soweit sein Lauf von Ochsenfurt nördlich über Würzburg nach Gemünden, dann wieder südlich über Lohr, Rothenfels und Wertheim bis Miltenberg bis nahe zur gleichen Breite von Ochsenfurt herabgeht. Die Truppenzüge haben sich bekanntlich nicht auf dieses Dreieck beschränkt. Wir haben auf bayrischem Gebiet 11 und auf badischem 10 Ortsepidemien gehabt. Merkwürdigerweise liegen die epidemisch ergriffenen Orte wesentlich in zwei in verschiedener Richtung laufenden Strichen und dazwischen liegt wieder ein Strich von ganz frei gebliebenen oder nur sporadisch berührten Orten. Die beiden Striche vereinigen sich gewissermaassen in einem Winkel, dessen Spitze in

Karlstadt liegt. Eine ziemlich gerade Linie von Karlstadt gegen Mergentheim gezogen, verbindet die Epidemien von Karlstadt, Laudenbach, Zellingen, Hettstadt, Waldbrunn im Bayerischen, dann Gerchsheim, Schönfeld, Ilmspan, Grünsfeld, Gerlachsheim mit Dittigheim im Badischen, — der andere Strich folgt mehr einer gekrümmten Strecke des Mains und verbindet Rothenfels, Birkenfeld, Tiefenthal, Wertheim, Stadtprozelten, Freudenberg, Miltenberg und Walldürn. Nur die Epidemie von Kuelsheim liegt zwar auch noch innerhalb des Dreiecks, aber ausserhalb dieser beiden Striche. Diese Epidemie war übrigens auch die schwächste von allen (0,5 Procent der Bevölkerung), so dass sie Volz kaum mehr zu den Epidemien rechnet.

Zwischen diesen beiden Strichen liegen nun, namentlich auf bayerischem Gebiet, zahlreiche Ortschaften, welche als Mittelpunkte strategischer Operationen vom Kriege, der Einquartierung und Spitälern am meisten und theilweise sehr zu leiden hatten, z. B. Remlingen, Uettingen, Rossbrunn, Helmstadt und doch frei von Epidemien blieben. Ebenso liegen östlich von dem Strich, der von Karlstadt nach Gerlachsheim führt, die Städte Würzburg und Heidingsfeld, wo trotz aller Einquartierung die Epidemie keinen Fuss fassen konnte. Haben besondere atmosphärische Niederschläge in der vorausgehenden Zeit in diesen Strichen die Grundwasserverhältnisse, die ein vorübergehendes zeitliches Moment zu bilden im Stande sind, der Cholera vorübergehend und stellenweise günstiger gestaltet, als eben der Keim durch die Truppen eingeschleppt wurde? Sind die Bodenverhältnisse andere? Dass auch in diesen Strichen wieder Orte liegen, die frei blieben, würden eine solche Annahme noch nicht unzulässig machen, da wir ja so und so oft sehen, wie die Cholera selbst in ein und demselben Orte gewisse Theile heftig ergreift und andere Theile gänzlich verschont, z. B. Nürnberg, Fürth etc., was sich stets aus Verschiedenheiten der Höhe und Form der Oberfläche und aus der verschiedenen Bodenbeschaffenheit im Zusammenhalt mit den Grundwasserverhältnissen genügend erklären liesse. Leider kann man, falls wirklich dieses verschiedene Auftreten der Krankheit seinen wesentlichen Grund in der zeitlichen Disposition hätte, was mir das wahrscheinlichste ist, jetzt nichts mehr darüber in Erfahrung bringen, — denn um hierüber Erkundigungen einzuziehen oder noch Beobachtungen zu sammeln, hätte man gleich dazu thun müssen, als noch alles in frischer Erinnerung war, oder so lange sich noch Spuren von den supponirten Einflüssen hätten auffinden lassen. Eine spätere Zeit wird es wahrscheinlich nicht mehr begreifen, warum die bayerische Regierung neben Herrn Vogt nicht noch Jemand, der sich auf einen andern Standpunkt gestellt hätte, gefunden und zum Studium der Choleraepidemien nach Franken abgeordnet hat, schon nach dem alten Grundsatz: Audiatur et altera pars, und weil eine so günstige Gelegenheit, wie sie ein Krieg für die Beobachtungen bietet, hoffentlich nicht so bald wiederkehrt.

Cholera auf Schiffen.

Man hat sich auch auf das Vorkommen der Cholera auf Schiffen vielfach berufen, um zu beweisen, dass man keinen Boden und kein Grundwasser für die Cholera brauche. Wie irrig diese Voraussetzung ist, habe ich im vorigen Jahre mit Staunen gesehen, als ich mich mit dem Vorkommen der Cholera auf den Schiffen im Mittelmeere und in den indischen Gewässern etwas eingehender beschäftigte, was Pflicht meiner Gegner gewesen wäre, ehe sie sich darauf gegen mich beriefen. Ich habe in meiner Abhandlung über die Immunität von Lyon und das Vorkommen der Cholera auf Seeschiffen[1]) auf Grund der Wirklichkeit nachgewiesen, dass gerade nichts lauter für den wesentlichen nothwendigen Einfluss des Bodens auf die specifische Choleraursache spricht, als das Verhalten der Krankheit auf den Schiffen. Ob auf den Schiffen nun gerade alles genau so ist, wie ich mir es einstweilen vorstelle, lasse ich dahingestellt sein, aber so viel scheint mir gewiss, dass die bisherigen Einwürfe, die von daher gegen den Einfluss des Bodens genommen worden sind, ebenso wenig eine Bedeutung mehr haben können, als wenn man auf einem Schiffe Wechselfieber beobachtet hätte und daraus einen Beweis gegen den wesentlichen Einfluss des Sumpfbodens ableiten wollte.

---

1) S. Zeitschrift für Biologie, Bd. IV, S. 426—444.

Choleraepidemien im Winter in St. Petersburg.

Nebst der Cholera auf Schiffen, nebst Malta und Gibraltar wurde meiner Anschauung auch sehr regelmässig das Vorkommen der Cholera in St. Petersburg im Winter, bei hartgefrorener, mithin felsenfester Oberfläche des Bodens entgegen gehalten. Selbst Virchow kommt S. 59 seiner Studie darauf zu sprechen und beruft sich darauf, dass Ilisch in seinen Untersuchungen über Entstehung und Verbreitung des Choleracontagium darauf hingewiesen habe, dass ein mehrere Fuss tief gefrorner mit Schnee bedeckter Boden für Luft undurchdringlich sei. Virchow scheint das also zu glauben, oder wenigstens einen Augenblick geglaubt zu haben, als er diese Stelle niederschrieb.

Man denke sich den Boden von St. Petersburg mit seinem durchschnittlichen Wassergehalte vor Eintritt des Frostes, und Jedermann wird ihn unbedenklich für porös und für Luft leicht durchdringlich halten. Wenn nun dieses Wasser im Boden im Winter gefriert, so gewinnt der Boden wohl an Zusammenhang und kann so fest, wie Felsen werden, aber die Festigkeit seines Zusammenhanges kann seine Porosität nicht aufheben. Wenn sich das Wasser beim Gefrieren auch etwas ausdehnt, so beträgt diese Ausdehnung vom Punkte der grössten Dichtigkeit des Wassers bis zum Gefrierpunkte noch nicht ein Tausendstel seines Volumens. Da aber die Porosität eines feuchten Bodens selbst mit 15—20 Gewichtsprocenten Wasser nicht selten noch dem vierten Theil seines Volumens Luft Platz lässt, so müsste sich das beim Gefrieren in ihm enthaltene Wasser nicht blos um Ein Tausendstel, sondern um viel mehr als tausend Tausendstel ausdehnen, wenn es die Luft austreiben und alle Poren luftdicht verschliessen sollte.

Wie porös der Schnee ist, weiss Jeder, der schon Schneeballen gemacht hat. Unter Schnee verschüttet, kann man wohl erfrieren, wenn es zu lange dauert, aber man erstickt nicht, wie im Wasser, wie die Erfahrung schon so vielfach gelehrt hat.

Selbst wenn man noch die Eiskrusten auf der Oberfläche eines porösen Bodens zu Hilfe nimmt, so reicht es noch lange nicht hin, den Boden für Luft undurchdringlich zu machen; man kommt damit nicht weiter, als wenn man auf die Oberfläche eines solchen Bodens stellenweise Kautschukplatten legen würde, wo sich Niemand einbilden würde, er habe dadurch die darunter und daneben liegenden Bodenschichten luftdicht gemacht. Wer den Boden von St. Petersburg im gefrornen Zustande für luftdichter hält, als im aufgethauten Zustande, begeht denselben Irrthum, wie diejenigen, welche glauben, der Felsen von Malta oder Rothenfels sei desshalb von Luft und Wasser nicht durchdringbar, weil er einen so festen Zusammenhang besitzt, dass man Häuser damit bauen kann.

Sehr lehrreich für den Luftwechsel im Boden sind die Ausströmungen aus den Gasleitungsröhren in den Strassen im Winter und Sommer. Wenn ein im Boden einer Strasse liegendes Gasrohr im Sommer undicht wird, hat es in der Regel keine Gefahr für die Menschen in den nächsten Häusern, hingegen im Winter werden bekanntlich dadurch öfter selbst Todesfälle veranlasst, selbst in Häusern, die keine einzige Gasflamme, kein einziges Gasrohr in ihren Mauern haben. Das wird nun häufig irrthümlich so erklärt, als könne das Gas im Winter durch den gefrornen Boden nicht in die Luft der Strasse entweichen, sondern müsse sich seinen Weg durch's Haus suchen. Der wahre Grund davon aber ist, dass im Winter die geheizten Häuser wie Kamine wirken, nach denen die äussere kältere und deshalb schwerere Luft von allen Seiten und auch durch den porösen Boden durch drückt. Ich kenne einen höchst interessanten Fall aus Augsburg, wo in zwei nebeneinander liegenden Zimmern eines Hauses in einer Nacht der Bewohner des einen Zimmers mit Leuchtgas vergiftet wurde, und nachdem dieser in ein anderes Haus übergesiedelt war, in der folgenden Nacht der Bewohner des nächstliegenden Zimmers dieselben Zufälle bekam. Da im Haus keine Gasröhre war, konnte man sich diese Zufälle anfänglich gar nicht erklären, der Arzt dachte an einen höchst verderblichen Typhusheerd, zuletzt stellte sich heraus, dass das gusseiserne Gasleitungsrohr auf der Strasse, 4 Fuss tief im Boden liegend und 20 Fuss vom Hause entfernt gesprungen war. Das Zimmer, in dem die erste Nacht die Vergiftung durch Leuchtgas erfolgte, war stets am besten geheizt, und es ging die lebhafteste Luftströmung nach ihm. Als dieses Zimmer nun verlassen, gelüftet und nicht mehr geheizt wurde, war das nächste das verhältnissmässig wärmste und empfing den grösseren Theil der durch den Boden ziehenden, mit Leuchtgas gemengten Luft; die Nacht vorher hatte sie ihm das andere wärmere Zimmer entzogen.

Ich habe ferner in München den Fall erlebt, dass in den Malztennen einer Brauerei die Gerste nicht mehr wuchs, so lange die Gasleitung im Boden der nächsten Strasse in einer Entfernung von mehr als 100 Fuss geborsten war. Um die Bewegung der Luft im Boden zu studiren, bieten die Gasleitungen oft die beste Gelegenheit. Ich werde mehrere solche Fälle, die ich beobachtet habe, einmal ausführlicher mittheilen.

Aus den hier besprochenen, höchst einfachen Gründen kann ich die Ansicht Virchow's über die Bedeutung des Einwurfs des Herrn Ilisch nicht im geringsten theilen. Ueberhaupt, so oft ich lese, dass Autoren, wie Virchow und Macpherson, Hrn. Ilisch citiren, fallen mir stets die Worte von Goethe ein:

„Es thut mir lang schon weh',
„Dass ich Dich in der Gesellschaft seh'."

Herr Ilisch hatte eine Broschüre geschrieben, welche die Mitwirkung von Boden und Grundwasser bei den Choleraepidemien von St. Petersburg entbehrlich erscheinen liess. Er wurde gleich allen anderen, die sich in dieser Richtung öffentlich und entschieden ausgesprochen hatten, von Griesinger, Hirsch, Wunderlich, und mir zur Choleraconferenz in Weimar geladen. Leider erschien von dieser Kategorie fast er allein. Er wiederholte in der ersten Sitzung seine Behauptung, dass in St. Petersburg der Stand des Grundwassers lediglich vom Stand der Newa regiert werde. Die meisten Conferenzmitglieder würden das zwar nicht sofort geglaubt haben, hätten es aber auf Grund von Thatsachen auch nicht widersprechen können. Da fand sich in der zweiten Sitzung noch ein Gast aus St. Petersburg ein, der weder von mir, noch von Herrn Ilisch geladen war. Für mich bewahrheitete sich das alte Sprichwort: die ungeladenen Gäste sind oft die besten. Es war Architekt und Akademiker Herr Alexander von Pöhl, Mitglied des Gesundheitsrathes von St. Petersburg, der sich schon seit mehreren Jahren mit Beobachtung des Grundwassers dort befasst hatte, und der nun der Versammlung vom Boden und Grundwasser der russischen Hauptstadt ein ganz anderes Bild als Herr Ilisch entwarf und es mit Plänen, Zeichnungen und Zahlen begründete. (Siehe die Verhandlungen der Conferenz S. 32 und den dazu gehörigen Niveau- und Grundwasserplan von St. Petersburg.) v. Pöhl fügte bei: „Ich bin gefragt worden, ob die Grundwasser von St. Petersburg auch im Winter in Bewegung sind, und ob sie auch im Winter den Ansteckungsstoff der Cholera unterstützen könnten? Um den Herren zu beweisen, dass trotz gefrorner Oberfläche des Erdbodens das Grundwasser unter Strassen und Höfen doch in Bewegung bleibt, brauche ich bloss darauf hinzuweisen, dass selbst mitten im Winter aus den Kellerwohnungen oft das von unten über die Fussböden aufgestiegene Grundwasser ausgepumpt wird. Dass dieses ausgepumpte Wasser nur Grundwasser sein kann, ist eine nothwendige Annahme, weil eben durch die gefrorne Erdkruste auch keinerlei Oberwasser in die Keller dringen könnte. Weil die Grundwasser bei uns auch im Winter in Bewegung bleiben, so kann jeder Ansteckungsstoff, auf welchen sie Einfluss haben, zwar nicht durch die gefrorne Oberfläche des Bodens auf Strassen und Höfen, aber um so mehr im Innern der Häuser und in den Kellerräumen wirken, da wir die Häuser, um uns vor dem Frost zu schützen, im Winter fast hermetisch abschliessen."

Herr Ilisch wusste darauf nichts zu entgegnen[1]), als dass er bedauere, dass Herr v. Pöhl sein unterirdisches Nivellement nicht schon früher habe drucken lassen; einstweilen sei in Petersburg angenommen gewesen, was er (Ilisch) in Schrift und Wort mitgetheilt habe: „er bitte desshalb die Versammlung, mit ihrem Urtheil zu warten, bis das unterirdische Nivellement von Pöhl gedruckt und genau geprüft sein würde; bis dahin bleibe er bei seiner Ansicht stehen, dass die Newa vom hauptsächlichsten Einfluss sei."

Gedruckt ist die Karte von Pöhl seit 3 Jahren, ob sie genau geprüft ist, weiss ich nicht, dass sie eine Widerlegung gefunden habe, ist nichts bekannt geworden, aber das weiss ich bestimmt,

---

1) S. Verhandl. der Conferenz S. 35.

dass eine Widerlegung auch nicht möglich ist, da alles auf sorgfältigen Messungen und constatirten Thatsachen ruht. Ich gestehe, dass ich die ganz unerwartete Begegnung mit Herrn von Pöhl auf der Choleraconferenz in Weimar zu den wunderbarsten Ereignissen in meinem Leben zähle. Herr v. Pöhl ist kein Jüngling mehr, er kam ohne jede äussere Veranlassung, bloss auf die Kunde von der abzuhaltenden Versammlung, auf eigene Kosten, in ununterbrochener Fahrt von St. Petersburg bis Weimar, um für eine Sache, die er für wahr, gut und wichtig hielt, Zeugniss abzulegen; nach Schluss der Sitzungen reiste er noch in der Nacht ebenso schnell wieder zurück, um seine vielfache Thätigkeit in St. Petersburg wieder aufzunehmen, zufrieden damit, der Wahrheit beigestanden und dem Irrthum entgegengetreten zu sein. Eine solche Handlung gereicht ebenso sehr demjenigen, welcher sie vollbringt, als auch der Sache, welcher sie gilt, zur Ehre.

Hypothetisches.

Ehe ich endige, will ich noch besprechen, wie möglicherweise der Verkehr, der Ort und die Zeit zusammenwirken könnten, um Choleraepidemien zu erzeugen. Ich thue es zwar ungern, weil ich mich einstweilen nur innerhalb sehr weiter, von den Thatsachen gesteckter Gränzen in einem Meer voll Möglichkeiten bewegen muss, und jedenfalls vieles sagen werde, was eine spätere Zeit, vielleicht schon die nächste Zukunft mit reiferer Erfahrung und besserem Wissen vielfach anders finden und ansehen wird; ferner weil ich gegen viele, anderen lieb oder geläufig gewordene Vorstellungen verstossen werde, ohne meine eigene Ansicht vorläufig für etwas anderes, als eine Möglichkeit hinstellen zu können: aber ich glaube doch, ich muss es thun, schon deshalb, weil ich so oft dem Einwurf begegne, man könne nicht an den wesentlichen Einfluss von Boden und Grundwasser glauben, weil man sich gar nicht denken könne, wie diese mit der durch den Verkehr verbreitbaren specifischen Choleraursache zusammenhängen sollen, gleich als wäre ein derartiger Zusammenhang eine Unmöglichkeit an sich. Dieser scheinbare Mangel an Möglichkeit und Wahrscheinlichkeit könnte nicht nur die Trägen und Unfähigen, sondern auch manchen Fleissigen und Fähigen abhalten, sich an der Arbeit zu betheiligen.

In der Wissenschaft hat auch die Phantasie ihr Recht, sie ist sogar ein unentbehrliches Hilfsmittel, wenn auch nicht für jenen Theil des Wissens, der bereits feststeht, und der von den Gelehrten oft allein Wissenschaft genannt wird, so doch für jenen Theil, der noch nicht feststeht, und welcher Forschung genannt wird. Eine Phantasie, welche nur von Thatsachen ausgeht und wieder nur nach Thatsachen hinstrebt, kann nie schädlich sein; sie ist im Gegentheil die wesentlichste Veranlassung, neue Wege zu betreten, um zuletzt den rechten Weg zum Ziele zu finden.

Wer die Zahl und Deutlichkeit der Beweise seit 1817 jetzt für hinreichend hält, dass nicht nur der Einfluss des Verkehrs, sondern auch der des Ortes und der Zeit für das Vorkommen der Choleraepidemien als bedingende Thatsachen anzunehmen seien, wird gleich mir zum Ausgangspunkt für weitere Forschungen über das örtliche Moment die verschiedenen Bodenverhältnisse, und über das zeitliche Moment die Grundwasserverhältnisse wählen müssen, um auf diesem Wege den Zusammenhang zwischen Verkehr, Ort und Zeit weiter zu suchen. Wer aber trotz allem doch noch glauben kann, er vermöge die Ausbreitung der Cholera, sei es 1854 oder 1866, sei es in Bayern oder in Thüringen, oder in Sachsen, oder in London, oder in irgend einem Theile der Erde, doch noch auf gewöhnliche contagionistische Art, blos mit Cholerakeim, Abtritten, Armuth und Diätfehlern zu erklären, den bitte ich, das folgende gar nicht mehr zu lesen, weil ich es nur für diejenigen schreibe, welche neben dem Cholerakeim und der individuellen Disposition auch noch an die Nothwendigkeit der örtlichen und zeitlichen Disposition bereits glauben.

Bezüglich der specifischen Choleraursache drängt sich uns immer mehr die Vorstellung auf, dass sie etwas Organisirtes sei, von einer Feinheit und Kleinheit, dass sie bisher unserer direkten Wahrnehmung noch entgangen ist, gleich den Gährungskeimen, welche die atmosphärische Luft trägt, die wir auch nur in ihren Wirkungen und in weiteren Entwicklungsstadien als Hefenzellen wahrnehmen, wenn sie ein für ihre weitere Entwicklung geeignetes

Substrat finden. Die Verbreitung des Cholerakeimes dürfen wir aber nicht, wie man früher so häufig gethan hat, der freien Atmosphäre überlassen, nicht als ob so etwas undenkbar oder eine Unmöglichkeit von vorneherein und an sich schon wäre, sondern weil diese Vorstellung von den Thatsachen nicht nur nicht unterstützt, sondern geradezu widersprochen wird. Wir sehen die Choleraepidemien oft nicht von einem Stadttheil auf den andern übergehen, während man sie namentlich in Indien oft entgegengesetzt der Richtung der dort herrschenden constanten Winde sich ausbreiten sieht. Es ist selbst bei den Gährungskeimen, aus denen sich unter Umständen die gewöhnliche Hefenzelle entwickelt, nicht im mindesten nachgewiesen, dass sie auf grössere Entfernungen hin durch die freie Luft noch lebensfähig getragen werden können. Ich erinnere mich, in den Untersuchungen von Pasteur gelesen zu haben, dass Luft bei einer Besteigung des Montblanc gesammelt und in einer Glasröhre eingeschmolzen nach Paris gebracht, die Zuckergährung in Flüssigkeiten nicht mehr einzuleiten vermochte, während die Luft aus den Häusern oder Strassen von Paris dieses Vermögen immer besitzt, wenn auch zeitweise mehr oder weniger. Mir ist denkbar, dass auch diese allgemein vorkommenden Gährungskeime rasch in der freien Luft zu Grunde gehen, und sich der Luft in unsern Häusern und Strassen nur beständig immer wieder beimischen, vom Boden oder irgend einem Enstehungsorte oder Herde ausgehend. Um mit den Thatsachen in Uebereinstimmung zu bleiben, ist es daher nothwendig, sich den Cholerakeim in irgend einer Weise an den menschlichen Verkehr gebunden zu denken.

So wenig Widerspruch gegenwärtig mehr die Ansicht im allgemeinen findet, dass man sich die specifische Ursache der Cholera wie eine Art Pilzspore und den Choleraprocess etwa wie eine Art Gährung vorstellen könne, so sehr gehen die Vorstellungen noch darüber auseinander, was der Keimboden für diesen Keim sein könnte, mit dessen Hilfe Choleraepidemien hervorgerufen werden. Die hierüber gegenwärtig noch herrschenden Ansichten sind entweder so zerflossen oder den Thatsachen der wirklichen Choleraverbreitung so zuwider, dass man mit Bestimmtheit sagen kann, dass die Untersuchungen kein Resultat liefern werden, ehe man nicht von andern

Vorstellungen ausgeht, die uns weniger weit von den Thatsachen entfernt halten. Und darin liegt die grosse praktische Wichtigkeit der Hypothese. Wenn feuchtes Brod, eine Citronen- oder Kartoffelscheibe, eine Eiweisslösung, die Darmschleimhaut oder faulende menschliche Excremente u. s. w. das für die Cholera neben dem Cholerakeime nöthige Substrat sein können, so ist eine bestimmte örtliche und zeitliche Disposition weder nothwendig noch möglich. Die Thatsachen der wirklichen Choleraverbreitung verlangen aber auf das Bestimmteste, dass wir ebenso, wie wir aus den specifischen Krankheitserscheinungen auf einen specifischen Cholera k e i m, den der Verkehr verbreitet, geschlossen haben, auch auf ein bestimmtes S u b - s t r a t schliessen, welches aber nicht unser Körper, sondern äussere Umstände, Ort und Zeit liefern. Der Einfluss von Ort und Zeit auf die Ausbreitung von Choleraepidemien ist von jeher so in den Vordergrund getreten, dass er den Einfluss des Verkehrs oft ganz untergeordnet erscheinen ließ, wie auch die oben mitgetheilte Marschroute der Hamburger Bataillone in Franken neuerdings wieder gezeigt hat.

Bei der Gährung, die man so gerne als Beispiel wählt, ist es nicht im geringsten anders; auch da muss neben dem specifischen Gährungskeim, aus dem sich die Hefenzelle entwickelt, noch ein bestimmtes Substrat, nämlich der Zucker im Moste oder in der Bierwürze gegeben sein, wenn das specifische Produkt der Gährung, der berauschende Alkohol entstehen soll. Es ist nicht ohne Interesse, den Vergleich zwischen Gährungskeim und Cholerakeim, zwischen Most und dem Cholerasubstrat, zwischen Alkoholrausch und Choleraanfall unter verschiedenen Umständen weiter zu verfolgen.

Man denke sich die Alkohol-Gährungskeime weniger allgemein verbreitet, etwa auch nur in Indien zu Hause und auch nur durch den menschlichen Verkehr, wie die Cholerakeime, verbreitbar. Ferner denke man sich, wie an gewissen Orten und zu gewissen Zeiten seit Menschengedenken Most erzeugt worden ist, der bisher ohne jeden Schaden, ohne jede auffallende Wirkung genossen wurde, weil er nie in geistige Gährung kam, so lange der specifische Gährungskeim aus Indien fehlte. Wenn nun der Verkehr den Gährungskeim einmal gerade zur Mostzeit in solche Mostorte brächte, so würden unter den Menschen Rauschepidemien entstehen, wenn sie ihr gewohntes Getränk nicht meiden könnten, gerade so, wie Choleraepidemien entstehen, während wir die Luft über gewissen Oertlichkeiten athmen.

Aus diesem Gleichniss lässt sich auch entnehmen, dass weder der Cholerakeim, noch das Cholerasubstrat für sich die Cholerakrankheit zu verursachen brauchen, dass das Wirksame erst aus einer Wechselwirkung beider hervorgehen kann. An Orten und zu Zeiten, wo es keinen zuckerhaltigen Most gibt, könnte der Verkehr jede beliebige Menge Gährungskeim einschleppen, die Menschen würden keine Räusche davon bekommen, so wenig sie vorher selbst in den besten Mostorten und zu Mostzeiten welche bekamen, so lange der specifische Gährungskeim fehlte.

Betrunkene könnten aus Mostorten in Orte oder Quartiere gebracht werden, die keinen Most haben, ohne dort den Rausch zu verbreiten, sie müssten denn neben dem Gährungskeime hie und da noch eine Flasche voll gegohrnen Most vom andern Orte mitbringen. In diesen Fällen würden an einem mostfreien Orte keine Epidemien, sondern nur einzelne, sporadische Räusche vorkommen. Mir ist denkbar, dass Cholerawäsche und ähnliche Dinge nichts als passende Gefässe sind, um eine genügende Menge nicht nur von Cholerakeim, welcher der Hefenzelle, sondern auch von fertigem Cholerastoff, welcher dem gegohrnen alkoholhaltigen Most entspricht, von einem Orte zum andern zu verschleppen. Um stark inficirte Orte herum kommt immer auch noch eine grössere Anzahl sporadischer Fälle in solchen vor, die nicht epidemisch ergriffen werden, weil es möglicherweise im Orte an Substrat (Most) fehlt, oder weil die Mostzeit da noch nicht eingetreten oder bereits vorüber ist. Der direkt krankmachende Stoff stammt aber immer von inficirten (Most-) Orten, wo die Betroffenen entweder gewesen sein müssen, oder von woher ihnen Jemand eine genügende Menge gegohrnen Most gebracht haben muss.

Die Entstehung eines einzelnen Cholerafalles darf nie anders aufgefasst oder erklärt werden, als eine ganze Epidemie, gleichwie der Alkoholrausch von hundert Personen keine andere Entstehungsursache haben kann, als der von einer einzigen oder einzelnen. Die Pathologen und Aerzte begehen einen Verstoss gegen diese einfache

Logik, welche annehmen, dass der eingeschleppte Cholerakeim wohl zum Zustandekommen von Epidemien örtliche und zeitliche Disposition als nothwendig voraussetze, nicht aber zum Zustandekommen einzelner sporadischer Fälle, die man auch durch einfache Uebertragung des Cholerakeims ohne jeden Einfluss des Bodens erklären dürfe. In dieser Annahme liegt ein ähnlicher Irrthum oder Widerspruch, als wenn man z. B. denken wollte, dass für gewöhnlich und in grosser Zahl die Menschen allerdings nur von Most berauscht würden, dessen Zuckergehalt durch die Thätigkeit der Hefenzellen in Alkohol verwandelt worden ist, aber in einzelnen Fällen könne auch der Genuss von Hefenzellen allein ohne Most berauschen, oder in Ermanglung des Bodens könne auch unser eigener Körper einmal den nöthigen Most liefern, den sonst bei Epidemien Ort und Zeit liefern.

Ich habe schon auf der Choleraconferenz in Weimar (siehe deren Verhandlungen S. 87) die Nothwendigkeit hervorgehoben, alle Cholerafälle, sie mögen einzeln in einem Orte vorkommen, oder einer Ortsepidemie angehören, stets nur auf ein und dieselbe Entstehungsursache zurückzuführen und eine doppelte Erklärung als logisch unrichtig zu verwerfen, aber ich habe mich damals merkwürdigerweise sogar vor meinen nächsten Freunden nicht ganz verständlich machen können. Ich war damals schon von der Nothwendigkeit und Wesentlichkeit der örtlichen und zeitlichen Disposition und ihrer Nicht-Identität mit der individuellen Disposition bei Cholera so überzeugt, als Jeder überzeugt sein muss, dass man keinen Alkoholrausch ohne vorhergegangene Gährung, und keine Gährung ohne Zucker und Hefenzellen zugleich sich denken kann, während manche nicht abgeneigt sind, eine Wirkung des Cholerakeims auch ohne das vom Boden stammende Substrat für möglich zu halten, und zu glauben, für manche Fälle brauche man doch gewiss keinen Einfluss des Bodens anzunehmen, auch die Einschleppung des blossen Cholerakeimes könne einige wenige Fälle im Orte, wenn auch keine Epidemien zur Folge haben. Diese machen noch keinen so bestimmten Unterschied zwischen Hefe und Wein, wie ich. Sie sind noch jenen guten Zollbeamten ähnlich, die nur auf Das sehen, was declarirt ist, im vorliegenden Falle Keim oder

Hefe, während ich schon immer angenommen hatte, bei solchen Gelegenheiten werde vom andern Orte her manchmal auch noch eine eben hinreichende Menge Most oder Alkohol mit eingeschmuggelt, gleichviel ob der den Verkehr vermittelnde Fuhrmann und der den Verkehr überwachende Beamte etwas davon weiss oder nicht.

Der Vergleich des Choleraprocesses mit der Alkoholgährung bietet noch so viele Analogien, dass man unwillkürlich zu dem Glauben veranlasst wird, beide Processe müssen in ihrem Wesen ähnlich sein, und dass man getrost die noch unbekannten Theile des einen nach den bekannteren Theilen des andern betrachten dürfe. Selbst die individuelle Disposition macht sich bei der Wirkung der weingeistigen Getränke, wie bei der Cholera geltend. Der eine bekommt schon von einer halben Flasche einen Rausch, der andere bleibt bei der drei- und vierfachen Menge noch ganz nüchtern; bei einem wirkt der Wein schon nach einigen Minuten, bei einem andern erst nach Stunden, bei schwachem Magen anders, als bei gutem u. s. w.

Das Gleichniss von der Weingährung macht uns noch auf etwas aufmerksam, worüber man sich bisher noch gar zu wenig Gedanken gemacht hat. Die Meisten betrachten die Krankheit immer noch zu gerne einfach als eine Folge der Aufnahme des Cholerakeims aus Indien in den Körper, während die Krankheit wahrscheinlich wie der Alkoholrausch nur Folge der Aufnahme eines Produktes, vielleicht eines nicht organisirten, ist, welches aus der Wechselwirkung zwischen Keim und örtlicher und zeitlicher Disposition ähnlich hervorgeht, wie der Alkohol aus einer Wirkung der Gährungskeime auf den im Ort erzeugten Most.

Man sieht, wie wenig man gezwungen werden kann, den eigentlichen Cholerastoff, der in uns die Krankheit zunächst hervorruft, ohne weiteres als etwas Organisirtes sich zu denken, selbst wenn man annimmt, dass ein specifischer Organismus zur Erzeugung des Cholerastoffes ebenso unentbehrlich ist, wie die Hefenzelle zur Erzeugung des berauschenden Alkohols im Moste und in der Bierwürze. Das zunächst Krankmachende könnte sowohl ein fester, wie flüssiger oder gasförmiger organischer, nicht organisirter Stoff, wie der Alkohol, sein, er braucht weder einem Pilze, noch einer Trichine ähnlich zu sein. Das pathologische Wesen der Cholera widerspricht einer derartigen Anschauung nicht, im Gegentheil, es spricht sogar dafür, insoferne man mit Arsenik — einem gewiss nicht organisirten Stoffe — alle pathologischen Erscheinungen der Cholera hervorrufen kann, und zwar bis zu einem solchen Grade täuschender Aehnlichkeit, dass nach dem Aktenausweis mancher Gerichte während einer Choleraepidemie nicht selten Giftmorde mit Arsenik unbedenklich als Cholerafälle registrirt worden sind. Falls es sich so verhält, dass der cholera-erzeugende Stoff analog dem Alkohol ist, wären die Fälle, wo die eingeschleppte Cholera bald in 2 und 3 Tagen, bald in eben so viel Wochen den ersten Fall oder eine Epidemie im Orte nach sich zieht, oder selbst gar keinen, alle leicht erklärlich, je nachdem alkoholhaltiges Gährungsprodukt oder bloss Hefe oder beides zugleich verschleppt würde, je nachdem das örtliche Gährungsmaterial eben vorhanden wäre oder nicht.

Falls der Choleraprocess analog der weingeistigen Gährung ist, dann ist es gewiss auch unsere nächste Aufgabe, nach dem Theile zu suchen, der dem Most und dem Zucker in ihm entspricht, dessen Bildung von örtlichen und zeitlichen Umständen abhängt. Ich bin überzeugt, wir werden den Cholerakeim erst kennen lernen und studiren können, wenn wir einmal sein Substrat kennen, dessen Bildung immer von Ort und Zeit abhängt, gleichwie wir auf die Bedeutung und Wirkung der Hefenzelle erst aufmerksam geworden sind, nachdem wir längst den Most und seinen Zuckergehalt gekannt hatten. Die Boden- und Grundwasserverhältnisse, die jedenfalls die ersten fassbaren Glieder an dem Substrate von Ort und Zeit sind, werden uns allmälig weiter leiten, wir werden die organischen Stoffe und ihre Processe im Boden zu verschiedenen Zeiten näher kennen lernen, gleichwie man allmälig die wesentlichen Bestandtheile von Most und Wein entdeckte, den Alkohol z. B. erst 1300 Jahre nach Christi Geburt, nachdem sich aber die Menschheit schon seit vielen Jahrtausenden an ihm berauscht hatte: ähnlich werden wir den eigentlichen Choleramost, darin die Cholerahefe und dann als Resultat der Wirkung beider den eigentlichen krankmachenden Cholerastoff (Choleraalkohol), das Choleragift, finden, und das alles vielleicht viel früher, als wir den Cholerakeim erblicken, dessen Entdeckung vielen schon nahe zu liegen scheint und oft für die conditio sine qua non der Weiterforschung betrachtet wird. Bei der Weingährung kennen wir bereits alle wesentlichen Theile, bis auf die in der Luft schwebenden Gährungskeime, die sich im Moste zur Hefenzelle entwickeln, und so habe ich wenig Hoffnung, dass wir bei dem noch so dunklen Choleraprocess jenen Theil zuerst finden werden, den wir selbst beim beststudirten und bekanntesten der Gährungsprocesse noch vermissen.

Ich kann mir nicht denken, dass der Cholerakeim mit den unorganischen Bestandtheilen des Bodens, mit Mineralstoffen und Wasser und Luft, d. h. mit den Boden- und Grundwasser-Verhältnissen unmittelbar zusammen wirken könnte. Die Thatsachen zeigen, dass die Cholera vorzüglich jenen Boden liebt, der schon organische und organisirte Stoffe enthält. Von den organischen Stoffen im Boden haben von jeher die stickstoffhaltigen die Cholera am meisten zu begünstigen geschienen, was in der neuesten Zeit wieder in einer interessanten Weise durch die Untersuchungen des Brunnenwassers aus verschiedenen Stadttheilen Berlins von Reich nachgewiesen worden ist. Reich fand, dass die Choleramortalität in verschiedenen Strassen mit dem Salpetersäuregehalt der Brunnen steigt und fällt. Dieser Salpetersäuregehalt des Wassers ist nur ein Maassstab für die Menge organischer stickstoffhaltiger Materien im Boden, welche gleich den Boden- und Grundwasserverhältnissen auch zu dem specifischen organischen Cholerasubstrat beitragen, welches der Cholerakeim bedarf, um Choleraerkrankungen zu erzeugen.

Da das zeitliche Auftreten der Cholera zur Annahme zwingt, dass dieses Substrat in einem Orte nicht immer und nur eine Zeit lang vorhanden ist, so müssen wir auch annehmen, dass es von den organischen Processen im Boden unter gewissen Verhältnissen nur zeitweise entweder als lebloser organischer Stoff gebildet oder abgesondert wird, oder falls es lebende organische Körper sein sollten, dass nur eine gewisse Entwicklungsstufe derselben, deren Zustandekommen von gewissen Bedingungen im Boden abhängt, der Bildung des krankmachenden Cholerastoffes dienlich sei, wenn der indische Cholerakeim eingeschleppt wird.

Das eigentliche Substrat des Choleraprocesses kann in ebenso mancherlei wechselnden äusseren Erscheinungen und Vergesellschaftungen auftreten, wie der Zucker, das Substrat der Alkoholgährung, nicht nur im Traubensaft und in der Bierwürze, sondern auch im Saft der Aepfel und Birnen, Kirschen, Himbeeren, Johannisbeeren u. s. w. enthalten ist, die deshalb alle gährungsfähig sind und berauschenden Alkohol liefern können: ja selbst die Kartoffelknolle lässt sich in weingeistige Gährung versetzen, aber immer ist es der Zucker, welcher in all' diesen verschiedenen Dingen enthalten sein oder zuerst erzeugt werden muss, wenn der Gährungskeim oder die Hefenzelle im Stande sein soll, berauschenden Alkohol zu erzeugen. Wer also sagt, der Saft von Trauben oder Kirschen sei das Substrat der Gährung, drückt sich noch lange nicht genau aus, aber doch drückt er sich richtig aus: — ebenso ist es einstweilen noch etwas höchst unbestimmtes, nur zu sagen, der Boden liefere zeitweise das Cholerasubstrat, aber doch ist es wahr, und gleichwie wir im Traubensaft, in der Bierwürze, im Apfelmost u. s. w. allmälig den Zucker als wesentlichen Bestandtheil aller alkoholgährenden Flüssigkeiten nachweisen und zuletzt sogar dessen Zerfall in Kohlensäure und Alkohol quantitativ bestimmen konnten, so wird es auch bei eifrigem und fortgesetztem Studium des Choleraprocesses gehen; wir werden allmälig finden, was den choleraerzeugenden Bodenverhältnissen gemeinsam ist und was den choleraunempfänglichen fehlt, was in einem empfänglichen Boden zur Zeit der Disposition vorhanden ist, und was zur Zeit fehlt, wenn derselbe Boden unempfänglich ist.

Gleichwie der Zucker ein Substrat nicht nur für die Alkoholgährungskeime ist, sondern auch noch für viele andere Keime, die ihn aber natürlich in ganz andere specifische Produkte, z. B. Milchsäure, Buttersäure, Bernsteinsäure u. s. w. verwandeln, die ganz andere Wirkungen auf uns als der Alkohol haben, ebenso könnte sich die Thatsache, dass der Alluvialboden nicht nur für Cholera, sondern auch noch für andere Infektionskrankheiten der beste Boden ist, auf die einfachste Art erklären, wenn wir nur einmal ein bestimmtes Substrat einer einzigen dieser Krankheiten isolirt haben werden.

Gleichwie die Gährungskeime auch ausserhalb des Mostes und

der Bierwürze existiren und sich fortpflanzen können, wenn sie auch keine Gelegenheit haben, zu Hefezellen zu werden und aus dem Zucker berauschenden Alkohol zu erzeugen, so kann vermuthlich auch der Cholerakeim im Darm des Menschen und unter andern Umständen eine Zeit lang leben, und sich sogar vermehren, ohne den choleraverursachenden Stoff zu erzeugen, so lange eben der Keim x nicht mit dem von Ort und Zeit gelieferten Substrat y zusammentrifft, auf dessen Entstehen unter anderm die Boden- und Grundwasserverhältnisse bedingenden Einfluss haben.

Das führt auf den Gedanken, wo x und y zusammentreffen, was vielen immer noch so unwahrscheinlich vorkommen will, wenn y mit Boden und Grundwasser etwas zu schaffen haben soll. Ich befinde mich im ganz entgegengesetzten Falle, wie meine Gegner; ich sehe nicht bloss die eine oder andere Möglichkeit, sondern ich erschrecke vor der Unzahl von Möglichkeiten und dem unabsehbaren Aufwand an Zeit und Kraft, den ihre Erschöpfung der Reihe nach in Anspruch nehmen würde, wenn uns dieser langwierige Weg nicht durch glückliche Einfälle und glückliche Funde abgekürzt wird.

Ich war von jeher der Ansicht, dass die Begegnung zwischen x und y sowohl im Boden selbst, als auch im menschlichen Organismus möglich sei, mithin auch in allem, was dazwischen liegt. Dass die Vergiftung oft direkt vom Boden ausgehen könne, beweisen namentlich manche Choleraplätze in Indien. Ich habe in meiner Abhandlung über Lyon (S. 441) einen schlagenden Beweis dafür mitgetheilt, den ich Sir Patrick Grant, dem Statthalter von Malta, verdanke. Ebenso sehen wir oft von gewissen Häusern, von bestimmten Zimmern in solchen Häusern, ja sogar von bestimmten Ecken solcher Zimmer auffallend heftige und häufige Wirkungen ausgehen.

Der Weg vom Boden zum Menschen durch das Wasser (z. B. Trinkwasser) ist der Vorstellung der meisten Menschen von jeher geläufig gewesen; nicht so der Weg vom Boden durch die Luft. Den meisten Menschen will es nicht recht wahrscheinlich vorkommen, dass Stoffe, wenn sie nicht gerade gasförmig sind, sondern von der Luft getragen werden müssen, uns erreichen könnten, namentlich wenn sie einmal mehrere Fuss tief im Boden unter der

Oberfläche sich befinden. Das kann aber nur jenen so vorkommen, welche keine Vorstellung von der Feinheit mancher Körper haben und noch nie Beobachtungen und Versuche über den Grad der Porosität des Bodens angestellt haben. Ich habe mich hierüber schon früher öfter ausgesprochen und will aus einer älteren Abhandlung hier einiges wiederholen[1]): „Schröder in Mannheim und Pasteur in Paris haben durch höchst lehrreiche Experimente nachgewiesen, dass die Luft in bewohnten und bewachsenen Gegenden organische Keime führt, selbst wenn wir mikroskopisch oder chemisch nichts darin nachzuweisen im Stande sind. Die Bierbrauer wissen, dass eine Luft, welche durch Abtritte oder durch von deren Inhalt imprägnirte Bodenschichten in einen Gährkeller gelangt, sehr bald oft eine merkliche und oft ganz unheilvolle Störung im Verlauf der Gährung der Biere hervorruft, oder wie man sagt, die Hefe krank macht. Wir wissen ferner, dass in ähnlicher Weise gewisse Bodenverhältnisse gewisse Krankheiten bei Menschen und Thieren hervorrufen und begünstigen, und da wir mit solchem Boden oft keinen andern Verkehr als durch die Luft unterhalten, so sind wir genöthigt, anzunehmen, dass diese unsichtbaren Krankheitskeime zu uns aus dem Boden durch die Luft gelangen. Die Menge Luft, die ein Erwachsener in 24 Stunden in sich einathmet, ist sehr beträchtlich. 17280 Athemzüge im Tage zu je $1/_2$ Liter, macht mehr als 8000 Liter oder 320 Kubikfuss Luft aus. Wenn wir bedenken, wie gering dieser täglichen Athemmenge gegenüber die Luftproben sind, womit wir unsere Analysen anstellen, so kann es nicht überraschen, dass die Luft manches enthält, was auf uns wirkt, was wir aber nicht nachweisen können. Alle Filter, die wir für solche in der Luft schwebende Körperchen anwenden, um sie abzuscheiden und für eine weitere Untersuchung zu sammeln, sind so unvollkommen und haben gegenüber der Kleinheit dieser Körper so grosse Poren, dass wir sie ebensowenig damit zurückzuhalten vermögen, als wir im Stande sind, ein trübes Flusswasser dadurch zu klären, dass wir es durch ein weitmaschiges Sieb

---

[1]) Ueber die Canalisirung der Stadt Basel. Zeitschrift für Biologie, Bd. III, S. 282.

laufen lassen. Zur Untersuchung der Luft auf diese feinsten organischen Partikelchen müssen wir erst noch die rechten Mittel finden; einstweilen dürfen wir aber die Unvollkommenheit unserer Methode nicht für einen Beweis des Nichtvorhandenseins dessen ansehen, was uns Thatsachen anderer Art so bestimmt anzeigen."

Man könnte denken, dass man diese Stoffe, die wir in der Luft suspendirt voraussetzen, leicht müsse nachweisen können, indem man sie auf Filtern sammelt, auf denen, wenn sie auch so unvollkommen wären, wie ein Drahtsieb einem trüben Flusswasser gegenüber, doch so viel hängen bleiben müsste, dass es für eine mikroskopische Untersuchung hinreichend wäre. Eine solche Voraussetzung ist je nach der Natur der Substanz schon bei Flüssigkeiten ein Irrthum, selbst wenn sie so viel suspendirte Theile enthalten, dass sie den Durchgang des Lichtes erschweren und z. B. Wasser schon dem freien Auge trüb erscheinen, bei geringer Vergrösserung aber schon die suspendirten Theilchen als solche erkennen lassen, die nur wenig kleiner sind, als die Poren des Filtrirpapieres. Und doch bringt man manche solcher Flüssigkeiten nicht klarer, wenn man sie auch zehn und hundertmal filtrirt, und behält immer nicht so viel auf dem Filter, um damit eine Untersuchung anstellen zu können. Nun denke man sich selbst einen Decigramm solcher organischer Keime und Stoffe in einem Volumen von 8 Cubikmetern Luft vertheilt. Wie viel kann da auf einem Filter bleiben, was jedenfalls tausendmal mehr durchgehen lässt, als es aufzusammeln vermag? Wenn ich 20 oder selbst 40 Liter solcher Luft durch einen Pfropf von Baumwolle oder Schiessbaumwolle sauge, wird schwerlich so viel hängen bleiben, als man für eine mikroskopische Untersuchung, für chemische Reaktionen und für Culturversuche braucht. Da auf diesen Filtern meistens nicht mehr hängen bleibt, als auch schon in der Luft suspendirt ist, die in ihren Poren Platz hat, da wir also die in der Luft suspendirten Theile durch Filtriren nur unbeträchtlich, vielleicht gar nicht concentriren können, so finden wir ebenso wenig auf diesen Filtern, als in der Luft selbst, und wir werden uns deshalb auf andere Mittel der Untersuchung zu besinnen haben.

Der Felsen von Malta besteht, wie ich oben schon angegeben

habe, wenn er austrocknet, zum dritten Theile seines Volumens aus Luft; er ist bis in bedeutende Tiefen hinab einem Pfropf zu vergleichen, der nur ein Drittel der Oeffnung verschliesst, oder einem Siebe, durch welches Körper, die so klein und fein sind, dass sie überhaupt leicht von der Luft getragen werden können, gewiss auch hindurch gehen werden, gleichwie die Fäulnisskeime in der Luft das Fleisch, selbst in einer sorgfältig verlötheten Blechbüchse nach Apert'scher Methode conservirt, doch erreichen und zersetzen, sobald nur die feinste Ritze oder Pore, die oft selbst dem bewaffneten Auge nicht wahrnehmbar ist, der Luft den geringsten Zutritt gestattet.

Gleichwie das Wasser auf verschiedenen Wegen verschiedenen mineralischen Schlamm aufnimmt, mit sich führt und stellenweise auch wieder ablagert, ähnlich kann man sich den noch viel feineren organischen Schlamm denken, der in der Luft, aber nur so fein ist, dass wir ihn nicht sehen können. Unsere Häuser sind vortreffliche Einrichtungen zur Ablagerung von solchem Schlamm aus der Luft, insoferne der Luftwechsel und damit die Geschwindigkeit der Luftbewegung im best ventilirten Hause noch lange nicht den tausendsten Theil von der mittleren Geschwindigkeit der Luft im Freien beträgt, die selbst bei sogenannter Windstille noch 2 Fuss in der Sekunde ist. Was nun mit der Luft aus dem Boden kommt, wird sich in der verhältnissmässig stagnirenden Luft eines Hauses oder Zeltes immer in viel grösserer Menge ansammeln können, als in der raschbewegten freien Atmosphäre, gleichwie man auch im Wasser, an stagnirenden Stellen desselben, organische Bildungen wahrnimmt, die im bewegten Wasser sich nicht zeigen. Eine gewisse mechanische Ruhe von Luft und Wasser ist gewiss in vielen Fällen schon allein für sich selbst eine wesentliche Bedingung für manchen Vorgang, der ohne diese Ruhe unmöglich wäre.

Das organische Substrat für die Cholera ist wahrscheinlich oder doch möglicherweise so kleiner und feiner Natur wie die specifische Ursache der Cholera selbst. Da wir die Bewegungen der Luft nur sehr unvollkommen wahrnehmen, wie ich in meinen Arbeiten über den Luftwechsel in Wohngebäuden vielfach nachgewiesen habe, so ereignet sich Vieles in der Luft, wovon wir nichts merken und keine Ahnung haben. Es ist leicht denkbar, dass der Cholerakeim mehrere Tage früher in ein Haus kommt, ehe das Substrat reif ist oder anlangt. In einem solchen Hause werden, ganz abgesehen von der verschiedenen individuellen Disposition, die Erkrankungen später beginnen, als in einem andern, wo das Substrat sich schon im geeigneten Zustande und in gehöriger Menge beim Eintreffen des Keimes vorräthig findet.

Ferner lässt sich die Möglichkeit und die Wahrscheinlichkeit nicht bestreiten, dass der Process, welcher den choleraverursachenden Stoff zunächst hervorbringt, ebenso wie die Weingährung durch allerlei Nebenumstände den verschiedensten Störungen ausgesetzt sein kann, so dass die Gährung trotz des normalen Zuckergehaltes des Mostes, und trotz Gegenwart der Hefe oft doch keinen oder nur wenig Alkohol liefert. Der Cholerakeim wird ferner ebenso wie der Alkoholkeim den Kampf ums Dasein mit andern Keimen nicht immer siegreich bestehen. Auch der Zucker in einer Flüssigkeit verwandelt sich oft, anstatt in Alkohol und Kohlensäure, in Milchsäure oder Buttersäure, die uns nicht im geringsten zu berauschen vermögen.

Schon der blosse Grad der Concentration oder Verdünnung der normalen Bestandtheile des Mostes oder der Bierwürze hat einen mächtigen Einfluss auf die Lebhaftigkeit und die Produkte der Gährung. Eine concentrirte Zuckerlösung schützt nicht nur vor der weingeistigen Gährung, selbst wenn man Hefe zusetzt, sondern auch vor andern Veränderungen, z. B. vor Fäulniss organischer Stoffe.

Dass auf den Verlauf des Choleraprocesses und namentlich auf das Zustandekommen seines organischen Substrates im Boden auch die Temperaturverhältnisse des Bodens einen wesentlichen Einfluss haben, wie Delbrück in neuester Zeit aufmerksam gemacht hat,[1]) ist nicht zu bezweifeln, da alle organischen Processe davon abhängig sind. Ob eine Saat in einem Jahre eine oder zwei Ernten trägt, ob wir an einem Baume Blätter, Blüthen und Früchte das ganze Jahr hindurch oder nur zu gewissen Jahreszeiten wahrneh-

---

1) S. Zeitschrift für Biologie Bd. IV S. 231.

men, ob er Früchte oft nur im Zwischenraum von mehreren Jahren hervorbringt, hängt wesentlich von Temperaturverhältnissen ab, die nicht bloss nach ihrer absoluten Höhe, sondern auch nach ihrer Vertheilung auf gewisse Zeiträume wirken. Das Getreide reift noch in den verschiedensten Breitegraden, unter den verschiedensten Isothermen, nur früher oder später, und die Wärme eines Sommers ist z. B. noch vom grössten Einfluss auf das Reifen der Frucht des Weinstocks, obschon dieses in den meisten Gegenden erst spät im Herbste erfolgt, wenn die Temperatur schon längst ihr Maximum erreicht und schon wieder sehr abgenommen hat.

In mehreren Distrikten von Indien scheint ein Zusammenwirken von Boden, Wasser, Luft und Wärme stets so viel Substrat für den Cholerakeim zu erzeugen, dass dieser immer — wenn auch zu verschiedenen Zeiten in sehr verschiedener Menge — Nahrung findet, desshalb auch nie ausstirbt, während in andern Theilen der Erde es oft für längere Zeit an dem geeigneten Substrate mangelt, so dass er keine Cholera zu erzeugen vermag, und abstirbt, ehe das Cholerasubstrat wieder gebildet wird, in welchem Falle eine erneute Einschleppung nothwendig wird.

Ebenso gut, als wir den Boden oder das Haus als Gährbottiche für den Choleraprocess ansehen können, dürfen wir vorläufig auch den menschlichen Körper als einen möglichen Behälter oder Sammler für das von Ort und Zeit gelieferte Substrat betrachten, aber auch in diesem Falle geht ein wesentlicher, specifischer Theil des Choleraprocesses vom Boden aus und erzeugt sich nicht im Körper, der nur der Schauplatz der Wirkungen ist, ähnlich wie die Kufe den Most nicht erzeugt, obwohl er in ihr vergährt, sondern der Weinberg und die Rebe. Ich will damit nicht sagen, als verhalte sich der complicirte lebende menschliche Organismus bei diesem Stadium des Choleraprocesses so indifferent, wie eine Kufe gegen den in ihr gährenden Most, im Gegentheil, es scheint sogar wahrscheinlich, dass der Organismus eine wesentliche Rolle mitspielt; — ich will damit nur ausdrücken, dass unser Körper ebenso wenig jenen zum Choleraprocess gleichfalls nöthigen Theil liefern kann, den der Boden liefert, so wenig die Kufe anstatt des Weinbergs Most liefern kann.

Welche von all diesen zahlreichen Möglichkeiten wirklich sind, lässt sich nicht eher entscheiden, bis wir in der Arbeit weiter sind und namentlich den Einfluss von Zeit und Ort so weit zergliedert haben werden, dass wir die Theile finden, welche mit dem Cholerakeim in unmittelbarer Beziehung stehen. Welche Vorstellung wir uns immer machen wollen, das genaueste Studium von Ort und Zeit bleibt immer das nächste, was wir in Angriff zu nehmen haben.

Man könnte es für den kürzeren Weg halten, das örtliche und zeitliche Produkt anstatt im Boden gleich im Menschen selbst aufzusuchen, auf den es zuletzt ja doch wirkt. Mir scheint dieser Weg aber nicht nur der langwierigste, sondern auch der unsicherste zu sein. Bei allem, was man da findet und etwa dahin deuten könnte, müsste doch immer erst wieder unterschieden werden, was Ort und Zeit liefern, was anders woher kommt, und man würde nachträglich dann doch immerwieder auf die Untersuchung des Bodens kommen müssen, von dem ein so wesentlicher Theil der Wirkung ausgeht. Es ist sogar leicht möglich, dass wir auch im kranken Organismus gar nie die specifische Ursache des Choleraprocesses antreffen, so wenig wir z. B. in einem Schnapstrunkenen die Hefenzelle und den Zucker, die den berauschenden Alkohol geliefert haben, oder in einem brennenden oder abgebrannten Hause mehr den Zündstoff nachweisen können, der den Brand verursacht hat. Bei der Cholera ist bereits so viel gewiss, dass sie nicht im gewöhnlichen Sinne contagiös, nicht impfbar ist; es fehlt uns somit auch jede Garantie, dass der Cholerainfektionsstoff oder Keim wirklich noch als solcher in einer Leiche vorhanden angetroffen werden muss.

Das sind die Gründe, warum ich glaube dass sich die Forschung neben der Zergliederung und Vergleichung des verschiedenen Verkehrs, namentlich mit den verschiedenen örtlichen und zeitlichen Einflüssen des Bodens befassen soll. Die Forscher auf diesem Gebiete, Delbrück, Griesinger, Wunderlich, Cordes, Günther, Pfeiffer, Schiefferdecker, Pöhl, Griepenkerl, Wilbrand, Zeroni, dann Buhl, Seidel, Pfaff u. A., zu denen ich, trotz mancher abweichender Ansichten, auch Macpherson zähle, und ich haben das Werk nur begonnen; wir haben zunächst die Thatsache der Existenz einer örtlichen und zeitlichen Disposition constatirt und einige erste Beiträge zur künftigen Physiologie des Bodens geliefert und zu ihrem Studium aufgemuntert. Wenn sich Forscher wie Virchow, de Bary, Pasteur und Andere, welche schon mit so grossem Erfolge das organische Leben unter dem Mikroskope beobachtet haben, auch ihrerseits mit dem Boden beschäftigen und das organische Leben in ihm auf seine zeitlichen Veränderungen untersuchen wollten, wäre für die Epidemiologie gewiss viel zu hoffen.

Virchow bekennt sich im Nachtrag zu seiner Studie noch zum Glauben an den Genius epidemicus. Ich kann die Versicherung geben, dass auch die Anhänger des Glaubens vom Einfluss des Bodens und Grundwassers diesem Geiste opfern, wir meinen nur, dass er uns als rein ätherisches, übersinnliches Wesen auf unsre Fragen nie Red' und Antwort geben werde, wir suchen ihn desshalb zu verkörpern.

Virchow sagt S. 70: „Pettenkofer ist daher genöthigt, andere Momente hinzuzufügen, und so kommt er zunächst auf zeitliche. Ich hoffe, dass wir uns auf diesem Wege einander nähern werden." Diese Stelle Virchow's bezieht sich auf meine Erklärung der Immunität von Lyon, sie darf aber nicht so verstanden werden, als ob ich jetzt erst, seit ich in Lyon gewesen bin, zeitliche Momente annähme und nach ihrer Präcisirung strebte; ich hatte ihre Nothwendigkeit schon vor 14 Jahren klar erkannt und desshalb in dem damaligen bayerischen Cholerahauptberichte S. 339 gesagt: „Die bisherigen Untersuchungen haben nur zwischen compaktem Felsenboden und zwischen Bodenarten unterschieden, welche für Wasser und Luft durchdringlich sind. Erstere sind die für Choleraepidemien unempfänglichen, letztere die empfänglichen. Während aber die physikalische Aggregation des Bodens unter allen Umständen und zu allen Zeiten dieselbe bleibt, sehen wir die Cholera in manchen Gegenden bald in längeren, bald in kürzeren Perioden erscheinen und verschwinden. Wenn überhaupt im Boden die wesentlichen zur Epidemie disponirenden Momente zu suchen sind, so muss sich im Boden neben der stets gleich bleibenden charakteristischen Aggregation seiner festen Theile auch ein veränderlicher Zustand finden, mit dessen Schwankungen die periodischen Erscheinungen der Krankheit zusammenhängen. Demgemäss habe ich zu den bisherigen lokalen Momenten noch ein weiteres gesucht, welches nicht immer gleichmässig, sondern nur zeitweise und verschieden thätig ist, welches an einer Stelle wirkt, während es sich an einer andern, sonst gleich beschaffenen, zur nämlichen Zeit in völliger Ruhe verhalten kann. Mir ist in dieser Beziehung vorläufig nichts anderes denkbar als der wechselnde Stand des Grundwassers in unseren porösen Bodenarten. Diese Idee schliesst sich zunächst an den oben dargestellten, unverkennbaren und unläugbaren Einfluss der Thäler, Ebenen und Becken der Flüsse an; in ihnen sind, wie ich später zeigen werde, die günstigsten Bedingungen für periodische und bedeutende Schwankungen des Grundwassers vorhanden."

Demnach habe ich meine Ueberzeugung von der Wesentlichkeit und Unentbehrlichkeit der zeitlichen Momente nicht erst von Lyon heimgebracht, sondern diese Ueberzeugung hat mich hingebracht. Meine Mitarbeiter und ich sind weit entfernt zu glauben, dass die Boden- und Grundwasser-Verhältnisse den ganzen Leib des Genius epidemicus ausmachen, aber diese Theile sind jedenfalls Extremitäten von ihm, an denen er zuerst gefasst werden kann, um ihn allmälig weiter zu betasten und in die Gewalt zu bekommen. Wenn wir einstweilen nur immer von Boden und Grundwasser sprechen, so darf man nicht meinen, dass wir glauben, es sei das alles, was im Boden zu finden sei, sondern dass es einstweilen leider nur so ziemlich alles ist, wovon man bei Cholera und Abdominaltyphus sprechen kann.

Mir hat es schon hie und da geschienen, als fänden unsere Ansichten bei Vielen desshalb so schwer Eingang, weil sie so weit davon entfernt sind, weitere Arbeit und weiteres Nachdenken überflüssig zu machen, weil sie im Gegentheil erst recht zur Arbeit nöthigen. Der gegenwärtige Zustand unseres Wissens erinnert mich oft an die Lage eines Schiffes auf offener See, welches die Bestimmung hätte, innerhalb mehrerer Breiten- und Längengrade einen Punkt, eine Insel oder ein Land zu suchen, das noch auf keiner Karte verzeichnet ist, an dessen Existenz wir aber — man gestatte mir einen kühnen Vergleich — aus ähnlichen Gründen glauben müssen, welche zur Entdeckung Amerikas geführt haben. Innerhalb der bezeichneten Region angekommen, kann das Schiff sich anfangs wohl von dort eben herrschenden Strömungen und Winden treiben lassen, insoferne es ja nicht unmöglich ist, auch auf diese Art, durch Zufall schnell und ohne Mühe zum Ziel zu kommen. Nach einiger Zeit aber, wenn so ein glücklicher Zufall nicht eintritt, muss an Bord doch das Bedürfniss gefühlt werden, in das blosse blinde Suchen ein System zu bringen, man wird zuletzt in ganz bestimmten Richtungen fahren, oft gegen herrschende Strömungen und Winde kreuzen müssen und darf sich selbst wegen Klippen und Untiefen nicht von der Verfolgung einer Richtung abbringen lassen. Da man nicht alle Richtungen zugleich einschlagen kann, so muss man Gründe haben, warum man glaubt, dass gerade in einer bestimmten Richtung etwas zu finden sei. Wer die meisten und einleuchtendsten Gründe anzugeben vermag, dessen Richtung soll zunächst eingeschlagen werden.

So lange das Land, das ja noch auf keiner Karte verzeichnet ist, nicht wirklich in Sicht kommt, wird es immer Zweifler auf dem Schiffe geben, ob der gesuchte Punkt nicht in einer ganz andern Richtung liege; es gibt ja so viele Menschen, die in solchen Lagen nichts als zweifeln können. Aber auch die Zweifler müssen zuletzt des Hin- und Hertreibens müde werden, und es dem zuversichtlicheren Theile der Bemannung überlassen, eine bestimmte Richtung einzuschlagen, die dann aber mit vereinten Kräften gegen alle Widerstände verfolgt werden muss. Ich habe meine Gründe für meine Richtung jetzt wiederholt angegeben und es soll mich freuen, wenn ein Anderer für eine andere Richtung bessere Gründe anzugeben weiss. Das Ziel ist jeder Anstrengung und jedes Opfers werth; denn die Ursachen von Epidemien kennen zu lernen, hat für das Menschengeschlecht gewiss keine geringere Bedeutung, als einen neuen Welttheil zu entdecken.

Ich glaube meine Ansichten nochmal kurz und fasslich zu wiederholen, wenn ich eine Anzahl von Sätzen aufstelle, zu denen mich meine und fremde Arbeiten seit 15 Jahren geführt haben. Ich hoffe dadurch es künftig auch denjenigen zu erleichtern, welche gegen diese Ansichten auftreten wollen; diese werden sich dann künftig nicht mehr selbst aus unsern vielleicht oft zu umfänglichen und an verschiedenen Orten zerstreuten Darstellungen erst solche Sätze zu bilden haben. Es wird dann vielleicht nicht mehr so oft vorkommen, dass Jemand glaubt, unsere Ansichten zu bekämpfen, während er nur gegen seine eigene Ansicht davon auftritt. Ich habe diese Sätze in 3 Abtheilungen gebracht: 1) allgemeine Sätze über Ursprung und Verbreitung der Cholera; 2) deren Anwendung auf einen speciellen Fall, auf die Immunität von Lyon; 3) Sätze über den Einfluss der Grundwasserverhältnisse auf den Abdominaltyphus in München.

I.
Allgemeine Sätze über Ursprung und Verbreitung der Cholera.

1.

Die Cholera rührt von einem specifischen Infektionsstoff her, welchen gewisse Landestheile von Indien seit mehreren Jahrhunderten historisch nachweisbar erzeugen.

2.

Die Cholera kommt in Indien nicht in jedem Jahre, nicht in jedem Orte und nicht in jeder Jahreszeit gleichmässig vor. Es gibt Orte, wo sie endemisch ist, ähnlich wie in manchen Orten Europa's der Abdominaltyphus und das Wechselfieber, und wo sie sich gleich diesen zeitweise zu grösseren Epidemien steigert (in Niederbengalen, Malabar und Malwah). In der Mehrzahl der Orte Indiens vermag sich die Krankheit nicht endemisch zu behaupten, sondern erlischt und tritt oft erst nach längerer Unterbrechung wieder in Epidemien auf, zu deren Entstehung dann ebenso wie in Europa der Verkehr mit Orten Veranlassung gibt, wo sie bereits herrscht.

3.

Die Thatsachen der örtlichen und zeitlichen Frequenz und Ausbreitung der Cholera in Indien, sowie ihre Verbreitung über die Gränzen von Indien hinaus gestatten und verlangen die Annahme nicht nur eines specifischen, durch den Verkehr verbreitbaren Keims oder Infektionsstoffes, sondern auch eines bestimmten, örtlich und periodisch vorhandenen Substrates, ohne welches der specifische Cholerakeim im menschlichen Organismus die Cholerakrankheit nicht hervorzubringen vermag, welche nur von einem specifischen Produkte aus der Wechselwirkung zwischen Choleralkeim und Cholerasubstrat verursacht zu werden scheint.

4.

Man kann den specifischen Cholerakeim aus Indien mit x, das Substrat, welches Ort und Zeit dazu liefern müssen, mit y, und das daraus hervorgehende Produkt, das eigentliche Choleragift mit z bezeichnen.

5.

Weder x, noch y für sich sind im Stande, Anfälle von asiatischer Cholera zu verursachen, sondern nur z.

6.

Die specifische Natur (Qualität) von z wird durch den specifischen Keim x, und die Menge (Quantität) von z durch die Menge des Substrats y bestimmt.

7.

Die Natur von x, y und z ist vorläufig noch unbekannt, aber man darf mit einer an Gewissheit gränzenden wissenschaftlichen Wahrscheinlichkeit annehmen, dass alle drei organischer Natur sind und dass wenigstens x ein organisirter Keim oder Körper ist. Die Entdeckungen über die Polymorphie niedriger Gebilde zeichnen im Allgemeinen auch den Weg vor, den die Untersuchungen über den Choleraprocess einzuschlagen haben. Am schnellsten wird eine sichere Grundlage für die Forschung gewonnen werden, wenn aus Untersuchungen über örtliche und zeitliche Verhältnisse, namentlich auch über organisirte Metamorphosen und organische Processe in verschiedenen Schichten und Tiefen verschiedenen Bodens und zu verschiedenen Zeiten mehrere Werthe von y abgeleitet werden können.

8.

In den Orten Indiens, wo die Krankheit endemisch ist, muss z zu verschiedenen Zeiten in verschiedener Menge vorhanden angenommen werden, so dass einmal der stationäre Cholerakeim x keine oder nur wenige Erkrankungen zu verursachen vermag, und dann wieder in einer Menge, in der es als epidemisch verbreitetes Gift wirkt. Die Menge von z hängt — die Gegenwart von x vorausgesetzt — zunächst von der Menge von y, und die Menge von y von den örtlichen und zeitlichen Bodenverhältnissen ab.

9.

Die Thatsachen gestatten wohl die Annahme, dass sich x im menschlichen Körper, z. B. im Darme, eine Zeit lang ernähren und vielleicht selbst beträchtlich vermehren könne, aber der menschliche Körper ist im Choleraanfall nur der Schauplatz der Wirkungen von z, und kann für sich ohne y auch in Berührung mit x nie z erzeugen.

10.

Stoffe können vom Boden auf zwei Wegen selbst aus grösseren Tiefen zum Menschen gelangen, durch das Wasser im Boden und durch die Luft im Boden. Der letztere Weg scheint bei der Cholera der vorwaltende zu sein.

11.

Sowohl x als y und z scheinen von einem Orte zum andern selbst auf grössere Entfernungen zwar nicht durch die freie Luft, wohl aber auf andere Weise durch den menschlichen Verkehr noch wirksam verbreitbar. x allein in ein Haus oder einen Ort gebracht, vermag nicht krankmachend auf Menschen zu wirken, erst in dem Maass, als es dort y vorräthig trifft, und sich z daraus entwickelt, kann dieses dann Erkrankungen nach sich ziehen. Eine gewisse Menge von z in einen Ort gebracht, kann auch ohne y im Orte individuell disponirte Menschen cholerakrank machen, welche Erkrankungen dann aber von der Mitwirkung von y eines anderen Ortes abzuleiten sind, welches zum Entstehen der importirten Menge von z nothwendig war. Am häufigsten scheint der Verkehr x, wahrscheinlich vorwaltend in den Excrementen, zu verbreiten, in welchen aber wahrscheinlich nie so viel fertiges Choleragift z enthalten ist, um Erkrankungen hervorzurufen. Wenn durch den Verkehr z verbreitet wird, so hängt demselben meistens immer auch noch der Keim x an, ähnlich wie den gegohrenen weingeistigen Flüssigkeiten die Hefe anhängt. In feuchter, mit Choleradiarrhöen verunreinigter Wäsche und ähnlichen Dingen scheint z und x sich in grösserer Menge zu sammeln, am besten zu conserviren, und aus inficirten Orten auf grosse Entfernungen transportiren und nach den bisherigen Erfahrungen 21 Tage lang auch ohne y lebensfähig erhalten zu lassen.

12.

Die Zeit der ersten Auswanderung der Cholera über die Gränzen von Indien hinaus und gegen Europa fällt in die zwanziger Jahre dieses Jahrhunderts und trifft mit der Zeit einer beginnenden grossen Beschleunigung und Vermehrung des menschlichen Verkehrs, namentlich zur See, zusammen. Das erste Dampfschiff erschien in den indischen Gewässern im Jahre 1826. Die Cholera hat ihren Weg von Indien nach Europa nie über's Cap der guten Hoffnung zur See, sondern immer über Westasien und Aegypten zu Land genommen.

13.

Die Schiffe auf der See verhalten sich zwar wie immune Orte auf dem Lande, insoferne sie kein y erzeugen, sie dienen aber nach den bisherigen Erfahrungen gleichwohl zur Verbreitung von x und z von einem Landungsplatz zum anderen, wenn sie nicht viel länger als 21 Tage auf offener See ausser allem Verkehr mit dem Lande bleiben, nachdem sie einen inficirten Hafen verlassen haben. Die auf Schiffen vorkommenden Cholerafälle werden in der grossen Mehrzahl durch vorausgegangene Aufnahme von x und y oder z auf dem Lande verursacht, obschon einzelne Fälle auch dadurch erfolgen können und wirklich erfolgen, dass reifes Choleragift z in einer gewissen Menge und Verpackung vom Lande auf's Schiff gebracht wird. Es ist selbst der Fall denkbar, dass x und y gleichzeitig, aber gesondert vom Land auf ein Schiff gebracht werden und dass sich dann auf dem Schiffe beim Zusammentreffen der beiden erst z entwickelt, immer aber wird y nur vom Boden auf dem Lande, nicht aber vom menschlichen Körper erzeugt. Der Verbreitung der Cholera durch Schiffe und ihrem Verhalten darauf muss künftig ein viel genaueres Studium als bisher zugewendet werden.

14.

Bei der Verbreitung der Cholera auf dem Lande darf a priori angenommen werden, dass der aus Indien kommende Keim x überall desselben Substrats y bedarf, wie in Indien selbst, welches wesentlich von örtlichen und zeitlichen Hilfsursachen abhängt, wenn Epidemien entstehen sollen.

15.

Es gibt Gegenden, Orte und Ortstheile, von denen einige sehr oft, andere sehr selten und wieder andere selbst gar nie von Choleraepidemien heimgesucht werden, wenn der Verkehr auch stets und überall eine gleiche Menge Cholerakeim hinbringt. In den immunen Orten fehlt es entweder an y, oder es wird y von anderen Keimen als x für andere Processe in Beschlag genommen, oder es wird durch irgend andere gleichzeitige Einflüsse die Bildung von z verhindert.

16.

Die Bildung von y begünstiget:
1) ein Boden, welcher für Wasser und Luft mehrere Fuss tief, ähnlich dem Alluvialboden durchgängig ist;
2) eine zeitweise grössere Grundwasserschwankung;
3) die Gegenwart organischer und mineralischer Stoffe in dieser Bodenschichte, auf welche die Grundwasserschwankungen wirken und sie zur Bildung von y veranlassen können;
4) eine Bodentemperatur, welche derartige organische Processe ermöglichet.

17.

Der Ort der Begegnung von x und y und damit auch der Entwicklung von z kann ein mehrfacher seyn: x und y können sich wie mehrere Choleraplätze in Indien zeigen, im Boden selbst begegnen, vielleicht aber auch im Hause und auch im Menschen selbst, die Wirkung von z kann also von verschiedenen Orten ausgehen.

18.

Der Grad der Wirkung von z auf den Menschen hängt wesentlich von der Menge von z und von einem gewissen Körperzustande, von der individuellen Disposition, daran zu erkranken, ab. Bei Beurtheilung des unbestreitbaren Einflusses von Armuth, Mangel an Reinlichkeit, schlechter oder unzweckmässiger Nahrung, unreinem Trinkwasser, schlechten, überfüllten Wohnungen, Mangel an Luftwechsel, Erkältungen, Gemüthsaffekten, Lebensalter u. s. w. auf die

Häufigkeit und Tödtlichkeit der Cholerafälle in einem Orte ist zu unterscheiden, in wie weit diese Dinge auf die Entwicklung, das Gedeihen oder die Ansammlung und Conservirung von x, y und z wirken, oder nur auf die Herstellung der individuellen Disposition. Im Allgemeinen scheint die individuelle Disposition durch alles erhöht zu werden, was einen niedrigen Stand an Eiweiss, d. h. einen relativ hohen Wassergehalt der Organe bleibend oder vorübergehend hervorruft.[1]) Die blosse Einschleppung von x in einem Orte und die Gegenwart individuell disponirter Menschen vermag noch keine Erkrankungen an Cholera zu erzeugen, so lange y und z fehlen, oder in zu geringer Menge vorhanden sind.

19.

Für die Cholerastatistik bildet der einzelne Fall und das einzelne Wohnhaus die Einheiten. Für jeden Ort ist zu untersuchen und möglichst festzustellen, ob das Auftreten und die Ausbreitung der Cholera epidemisch oder sporadisch genannt werden soll, d. h. ob sich z aus y im Orte selbst oder in einem Theile desselben erzeugt hat, oder ob die Fälle von in andern Orten erzeugtem z herrühren.

20.

In ihrer epidemischen Ausbreitung zeigte die Cholera von jeher eine besondere Vorliebe für den Alluvialboden, für tiefer liegende Fluss- und Drainage-Gebiete, während sie in gebirgigen Gegenden und nahe an Wasserscheiden in Ortsepidemien von jeher nur selten, gleichsam ausnahmsweise auftrat.

21.

So wichtig und nothwendig die Rolle des Verkehrs für die Verbreitung der Cholera ist, so dehnen sich die Ortsepidemien doch nie vorwaltend längs den Eisenbahnen aus, sondern gruppiren sich in ganz anderer Weise, wahrscheinlich in Folge der ungleichen örtlichen und zeitlichen Vertheilung oder Verbreitung von y.

22.

Alle von der Cholera epidemisch ergriffenen Orte oder Ortstheile, auch diejenigen, welche im Gebirge liegen, sind auf porösem von Wasser und Luft gleich dem Alluvialboden leicht durchdring-

---

1) S. Zeitschrift für Biologie Bd. II S. 94.

barem Boden erbaut. So weit Orte oder Ortstheile auf compaktem Gestein, auf Fels erbaut sind, welcher vom Wasser nicht oder nur sehr wenig durchdringbar ist, hat man in denselben meist gar keine, oder nur vereinzelte Cholerafälle, aber keine Choleraepidemien beobachtet. Nur oberflächliche Untersuchungen haben scheinbar widersprechende Resultate geliefert. (Die Epidemien in Krain, Malta, Gibraltar, Rothenfels etc.) Die Festigkeit des Zusammenhangs eines Bodens ist nicht mit seiner Porosität zu verwechseln. Es gibt Felsen, die zwar hinreichend fest sind, um als Bausteine brauchbar zu sein, aber so porös, dass ein Drittel ihres Volums im trocknen Zustande aus Luft besteht. Der Grad der Porosität verschiedener Bodenarten ist zu bestimmen. Die porösen Schichten eines jeden Ortes, den man in seiner Beziehung zur Cholera untersuchen will, sollten ihrer Grösse und ihrer Zusammensetzung nach von der Oberfläche bis zur ersten wasserführenden Schicht bekannt sein und auf ihre Fähigkeit, Wasser durch Adhäsion zu binden und Wasser durchzulassen untersucht werden.

23.

In jedem grösseren Lande und Distrikte werden gewisse Gegenden und Orte früher, andere später oder gar nicht von Epidemien ergriffen, ohne dass man diese Unterschiede aus der verschiedenen Zeit der Einschleppung des Cholerakeimes durch den Verkehr oder aus der individuellen Disposition erklären kann.

24.

Das so ungleichmässige Verhalten benachbarter, oft ganz nahe gelegener Orte und Ortstheile gegen Cholera beweist auf das Bestimmteste, dass die Zustände und Veränderungen der Atmosphäre, welche sich über grössere Länderstrecken stets viel gleichmässiger ausbreiten, als die Cholera, unmöglich für sich als Vorgänge in der Atmosphäre einen Einfluss haben können, dass vielmehr die atmosphärischen Zustände und Veränderungen bei der Erzeugung des Choleragiftes sich nur in so weit geltend machen können, als sie auf einen dafür geeigneten Boden wirken, und dem Entstehen von y günstig sind.

25.

Die thatsächliche Ausbreitung der Ortsepidemien in einem

Distrikte hat von jeher gezeigt, dass nebst der Gegenwart des Cholerakeimes auf das gruppenweise und gleichzeitige Auftreten derselben kein Umstand einen grösseren Einfluss äussert, als die Lage in gleichen Fluss- und Drainage-Gebieten, und dass sich dadurch am meisten eine gewisse örtliche und zeitliche Zusammengehörigkeit kund gibt. Diese Thatsachen haben zur Erkenntniss vom Einfluss der Grundwasserverhältnisse geführt, welche, die Gegenwart des Cholerakeimes und die geeignete Bodenbeschaffenheit vorausgesetzt, als das wesentlichste bis jetzt bekannte zeitliche Moment zu betrachten sind. Gewisse zeitliche Veränderungen im Stande des Grundwassers haben sich nicht nur für die Cholera, sondern auch für andere epidemische und endemische Krankheiten, z. B. für Abdominaltyphus, als wesentliches zeitliches Moment erwiesen.

26.

So weit das Auftreten der Cholera in Indien, wo sie endemisch ist, genauer beobachtet ist, hat auf ihre zeitliche Frequenz dort kein Umstand auch nur entfernt eine so regelmässige und tiefgehende Wirkung geäussert, als der Unterschied in der Nässe des Bodens, so dass in Calcutta in der heissen und nassen Jahreszeit, gegen Ende der Regenzeit die Cholera am schwächsten, in der ebenso heissen aber trocknen Jahreszeit am stärksten auftritt. Das Minimum der Cholera im August verhält sich zum Maximum im April dort nach dem Durchschnitt von 26 Jahren wie 1 : 6. (Macpherson.)

27.

Absolute oder beständige Trockenheit des Bodens, z. B. in der Wüste ist dem choleraerzeugenden Processe ebenso ungünstig, wie absolute oder beständige Nässe, z. B. während der Regenzeit in Calcutta. Nebstdem aber, dass ein gewisser mittlerer Wassergehalt im Boden eines Ortes sich für die Entstehung einer Epidemie am günstigsten erweist, deuten die Thatsachen auch auf das Bestimmteste noch auf die Nothwendigkeit eines grösseren Wechsels (einer Schwankung) des Wassergehaltes im Boden hin, welcher Wechsel bei einer gewissen Bodentemperatur und Andauer auf die in ihm enthaltenen organischen und mineralischen Substanzen vielleicht ähnlich wirkt, wie abwechselndes Nass- und Trockenwerden auf die Verwesung und das Zerfallen des Holzes und anderer organischer und mineralischer Substanzen. Hieraus ergeben sich drei Möglichkeiten: es kann Orte und Zeiten geben, wo die Feuchtigkeit des Bodens zu gross, oder zu klein, oder immer zu gleichmässig ist, um alle örtlichen Bedingungen, d. i. eine hinreichende Menge von y zur Entwicklung einer Epidemie zu gewähren.

28.

Soweit die Zwischenräume eines porösen Bodens theilweise mit Luft, theilweise mit Wasser erfüllt sind, nennt man einen Boden feucht; soweit alle Zwischenräume ganz mit Wasser erfüllt sind und die Luft ganz ausgetrieben ist, hat ein Boden Grundwasser. Das Grundwasser ist nicht bloss als eine constante Quelle der Durchfeuchtung der über ihm liegenden porösen Schichten zu betrachten, sondern es bildet die Veränderung seines Standes auch einen sicheren Anhaltspunkt (so zu sagen einen Nullpegel) für die Bodenfeuchtigkeit überhaupt, und das Auf- und Absteigen dieses Sättigungspunktes im Boden zu beobachten, ist Aufgabe der Grundwassermessungen. An jedem Orte sollte der Rhythmus der Bewegung des Grundwassers durch fortlaufende 14 tägige Beobachtungen ermittelt und evident gehalten werden.

29.

Der örtliche Stand und die Grösse der Bewegungen des Grundwassers hängt wesentlich von 5 Momenten ab: 1) von der an Ort und Stelle fallenden Regenmenge, 2) wie viel vom Regen in den Boden dringt oder auf der Oberfläche abfliesst, 3) wie viel von dem eindringenden Wasser von den mehr oder minder ausgetrockneten, mehr oder minder wasserzurückhaltenden Schichten gebunden wird oder wieder verdunstet, 4) wie viel Grundwasser schon aus höher gelegenen Gegenden auf wasserdichten Schichten zufliesst, und 5) welches Gefäll die wasserdichte Schichte hat, über der das Grundwasser sich findet. In den Flussthälern liegt der Spiegel des Grundwassers in der Regel höher als der Spiegel des Flusses. In Fällen, wo das nicht ist, kommt es auf die Wasserdurchlässigkeit der Flussufer an, ob der Stand des Grundwassers mehr vom Flusse oder mehr vom Lande aus bedingt wird.

30.

Im Alluvialboden ist in gewöhnlichen Fällen der Wechsel in

der Durchfeuchtung von der Oberfläche bis zur ersten wasserdichten Schichte am einfachsten und zuverlässigsten durch die wechselnde Höhe des Wasserstandes in den gegrabenen Brunnen messbar, wenn zwischen der Oberfläche des Bodens und dem Brunnenspiegel keine wassersammelnde Schichte eingeschaltet liegt. Wo sich nicht constant Grundwasser in den oberen porösen Schichten findet, oder wo aus andern Gründen die Veränderungen des Wasserstandes in den Brunnen nicht als Wechsel in der Durchfeuchtung der über ihm liegenden Schichten betrachtet werden können, sind die Brunnen für Grundwasserbeobachtungen nicht brauchbar und andere Anhaltspunkte für diesen Zweck zu wählen.

31.

Die Choleraepidemien haben sich zeitweise von den Wendekreisen (Calcutta) bis an die Polarkreise (Archangel) verbreitet. Wenn die Cholera in ihrer epidemischen Verbreitung in irgend einer noch zu ermittelnden Weise mit organischen Processen im Boden zusammenhängt, so kann die Bodenwärme und ihre fortlaufende Bewegung nicht gleichgiltig sein. Desshalb sind auch fortlaufende Beobachtungen über die Bodentemperatur in den Orten zu machen. Die meisten Epidemien bei uns traten zu einer Jahreszeit auf, im Spätsommer und Herbste, nachdem die Bodenwärme ihr Maximum erreicht hatte. Man weiss vorläufig nicht, in welcher Tiefe unter der Oberfläche die maassgebenden Processe vor sich gehen, aber man weiss, dass unter 0^0 Wärme alle uns bekannten Vegetations- und Gährungsprocesse, mit denen sich der hypothetische Choleraprocess zunächst vergleichen lässt, gewöhnlich still stehen. Da die Cholera aber im hohen Norden (z. B. in St. Petersburg) ausnahmsweise auch schon im Winter Epidemien gemacht hat, wo der Boden auf mehrere Fuss tief gefroren ist, so muss der Theil des Processes, der das örtliche und zeitliche Substrat für die Epidemie (y) liefert, auch in den auf diesem Boden stehenden und mit ihm unmittelbar zusammenhängenden Häusern und noch in einer Tiefe möglich sein, welche unter der Frostlinie liegt. Die manchmal erst in sehr vorgerückter Jahreszeit sich kund gebende örtliche Disposition darf nicht als Widerspruch gegen den begünstigenden Einfluss höherer Temperatur aufgefasst werden, sondern als eine Spät-Reife in Folge von vorausgehenden Hindernissen in der Entwicklung. In den Stadttheilen von St. Petersburg, in welchen die Cholera auch schon im Winter epidemisch geherrscht hat, ist constatirt worden, dass dort der Grund der Häuser nicht gefroren ist, weil zeitweise auch im Winter bei hart gefrorener Oberfläche Wasser (Grundwasser) in die Keller gelangt und ausgepumpt werden muss. Gefrorner feuchter Boden ist wohl viel fester, aber nicht luftdichter und weniger porös als ungefrorner. Je grösser in Petersburg im Winter die Temperaturdifferenz zwischen der Luft im Hause und der umgebenden äusseren Atmosphäre in Folge der Heizung wird, desto grösser muss der aufsteigende Luftstrom im Hause sein, welcher, je sorgfältiger der seitliche Verschluss nach aussen ist, um so mehr Luft auch durch den porösen Untergrund des Hauses zieht, wie viele Thatsachen beweisen.

II.
Besonders auf die Immunität von Lyon bezügliche Sätze.

1.
Die auffallende seit 1831 bewährte Immunität von Lyon gegen Cholera lässt sich nicht durch den Mangel der Einbringung des specifischen Keimes x erklären.

2.
Den Einwohnern von Lyon kann kein bekanntes Moment der individuellen Disposition abgesprochen werden.

3.
Diese Immunität lässt sich auch nicht durch die Grösse der Luftbewegung erklären, welche die beiden Flüsse Saône und Rhône verursachen, da diese nicht grösser ist, als gewöhnlich an andern Orten auch, die stark von Cholera zu leiden haben.

4.
Auch die übrigen meteorologischen Verhältnisse von Lyon lassen nichts erkennen, was diese Stadt wesentlich von anderen grossen Städten unterschiede, welche öfter Choleraepidemien haben.

5.
Die Bauart der Häuser, die Dichtigkeit ihrer Bewohnung, die Anlage der Abtritte, die Fortschaffung der Excremente, die Ka-

nalisirung der Strassen in Lyon können gleichfalls nicht im geringsten seine Immunität erklären.

6.

Ebenso wenig kann diese von der Versorgung der Stadt mit Trinkwasser abgeleitet werden, welche bis 1858 eine sehr mangelhafte gewesen ist.

7.

Aus dem Einfluss der Bodenbeschaffenheit lässt sich die Immunität von Lyon theilweise erklären, aber nur für jene Theile, welche unmittelbar auf compaktem Felsen, auf Granit oder darüber liegendem Lehm erbaut sind (Croix rousse, Fourvière, St. Just etc.).

8.

Soweit Lyon auf Flussalluvionen liegt (Perrache, Guillotière, Brotteaux, der niedrige Theil von Vaise) verdankt es seine Immunität seinen eigenthümlichen Grundwasserverhältnissen, welche der Bildung von y nicht günstig sind.

9.

Das Grundwasser dieser letztern Theile von Lyon liegt nicht, wie es die gewöhnliche Regel und wie es für Paris, München und viele andere Orte bereits thatsächlich nachgewiesen ist, höher als der Spiegel der Flüsse, sondern tiefer, und wird bei der grossen Durchlässigkeit der Flussufer fast ausschliesslich vom Stande der Rhône beherrscht.

10.

Durch den leicht durchdringlichen Alluvialboden von Lyon verläuft ein beträchtlicher Theil der Rhône und der Saône unterirdisch, durch welches eigenthümliche Verhältniss nicht nur die an Ort und Stelle fallenden, sondern auch ein grosser Theil der Niederschläge weit entfernter Gegenden beständig auf den Boden von Lyon wirken, so dass seine Feuchtigkeit immer zu gross bleibt oder zu geringen Schwankungen unterliegt, um der Entwicklung von Choleraepidemien förderlich sein zu können.

11.

Im Sommer und Herbst 1854, wo sich dieses Verhältniss wesentlich geändert hatte, insoferne die Rhône ein halbes Jahr hindurch (vom December 1853 bis Juni 1854) weitaus den niedrigsten Wasserstand beibehielt, welcher seit 40 Jahren beobachtet worden ist, waren Theile von Perrache, Guillotière und Vaise, welche bis dahin in Folge ihrer gewöhnlichen Grundwasserverhältnisse immun geblieben waren, unzweifelhaft, wenn auch schwach, epidemisch ergriffen. Croix rousse, Fourvière, St. Just, welche aus einem anderen Grunde, in Folge ihrer Bodenbeschaffenheit immun sind, zeigten sich auch 1854 so unempfänglich wie sonst.

12.

Das Jahr 1854 bezeichnet also den Punkt, unter den die Wassermenge der Rhône (der Grundwasserstand für Lyon) nicht mehr viel sinken dürfte, wenn die auf Fluss-Alluvionen liegenden Theile von Lyon nicht gleich anderen grösseren Städten Südfrankreichs Schauplatz grösserer Choleraepidemien zu werden die Fähigkeit erlangen sollen.

III.
Sätze über den Einfluss der Grundwasser-Schwankungen auf die Frequenz des Abdominaltyphus in München.

1.

Die thatsächliche Bewegung der Typhusmortalität in München zwingt zur Annahme einer Hilfsursache, welche das Auftreten der specifischen Typhusursache bald hindert, bald fördert, welche als die quantitative Seite derselben, als der Grund der In- und Extension, des epidemischen oder sporadischen Auftretens des Typhus angesehen werden muss. (Buhl.)[1]

2.

Von allen der Untersuchung zugänglichen Momenten zeigen in München am meisten die Oscillationen des Grundwassers einen nicht zu verkennenden Zusammenhang mit der In- und Extensität des Typhus. (Buhl.)[2]

3.

So lange das Grundwasser fortwährend steigt, nimmt die Gesammtzahl der Typhustodten fortwährend ab, so lange das erstere fortwährend fällt, steigt der Typhus an. (Buhl.)[3]

---

[1] S. Zeitschrift für Biologie Bd. I, S. 4.
[2] a. a. O. Bd. I. S. 11.
[3] a. a. O. Bd. I. S. 12.

4.

Die Grösse und Dauer der einen oder anderen Bewegung enthält das Maass für die In- und Extensität des Typhus. (Buhl.)[1]

5.

Die Bewegung der Typhuszahlen von Buhl, verglichen mit der Bewegung des Grundwassers, lässt nach Elimination der jährlichen Periode eine Coincidenz erkennen, welche mit einer Wahrscheinlichkeit von 36000 gegen 1 auf einen gesetzmässigen Zusammenhang der beiden Erscheinungen schliessen lässt. (Seidel.)[2]

6.

Alle Untersuchungen sprechen ferner auch dafür, dass in München wirklich in einem Monat, welcher mehr als die gewöhnliche der Jahreszeit zukommende Menge der Niederschläge darbietet, ein Zurückbleiben der Anzahl der Typhuserkrankungen unter dem Durchschnitt gleichnamiger Monate entschieden probabler ist, als ein Ueberschuss über dieselbe und umgekehrt in einem Monat von entgegengesetztem meteorologischem Verhalten, — und dass nicht bloss der Zufall in dem von Buhl's Aufzeichnungen umfassten Zeitraume den Anschein einer solchen Verbindung beider Naturvorgänge erzeugt hat. (Seidel.)[3]

7.

Während sich ein deutlicher Einfluss der Niederschläge auf die mehrere Monate nachfolgenden Typhusfälle noch erkennen lässt, ergiebt ein Vergleich zwischen den monatlichen Typhusfällen und den Regenmengen nachfolgender Monate nicht den geringsten Zusammenhang mehr. (Seidel.)[4]

8.

Bedenkt man, dass zwei ganz selbstständige Untersuchungen, nämlich wegen des Grundwasserstandes und wegen der Regenmenge sich dahin vereinigen, die günstige Wirkung vermehrter Wassermengen erkennen zu lassen, und dass namentlich die letztere Untersuchung mehrfache, unter sich unabhängige Abzählungen enthält, die alle

---

1) a. a. O. Bd. I. S. 14.
2) a. a. O. Bd. I. S. 230.
3) a. a. O. Bd. II. S. 169.
4) a. a. O. Bd. II. S. 161.

in gleichem Sinne sprechen, — dass also der Zufall das, was schon in Einem Falle höchst unwahrscheinlich war, hier immer wieder in völlig analoger Weise herbeigeführt haben müsste, — so wird man geradezu gezwungen zu der Annahme, dass irgend ein physikalischer Zusammenhang zwischen den betrachteten Vorgängen besteht, obgleich die nähere Natur desselben für jetzt noch nicht erkannt ist. (Seidel.)[1])

9.

Wollte man sich die beiden Vorgänge nicht einen von dem andern, sondern gemeinschaftlich von einem andern dritten unbekannten abhängig denken, so müsste im vorliegenden Falle von der supponirten Unbekannten zugleich der Stand des Grundwassers, die Quantität der meteorischen Niederschläge und die Frequenz der Typhuserkrankungen regiert und in eine gewisse Uebereinstimmung gesetzt werden; und da diese Unbekannte der Einfluss der Jahreszeiten nicht sein kann, weil dieser in allen Zahlenreihen eliminirt worden ist, so kann keine andere plausible Erklärung aufgestellt werden, als die Annahme, dass unter den Münchner Lokalverhältnissen das im Boden enthaltene Wasser, wenn es reichlich genug vorhanden ist, den Ablauf gewisser Processe, welche für die Häufigkeit der Typhuserkrankungen maassgebend sind, verhindere oder einschränke. (Seidel.)[2])

10.

Am natürlichsten ist es, diese Processe selbst als im Boden verlaufend sich vorzustellen. Dass nämlich vermehrte atmosphärische Niederschläge auch ihrerseits die vortheilhafte Wirkung dadurch ausüben, dass sie den porösen Boden mit Feuchtigkeit tränken, und nicht in Folge einer direkten Einwirkung der Witterung auf unseren Organismus, ist nothwendig desshalb vorauszusetzen, weil von ihnen ein selbst durch Monate sich erstreckender Einfluss constatirt ist, und weil der hohe Stand des im Boden schon angesammelten Wassers auch für sich allein betrachtet, von einer ebenso

---

1) a. a. O. Bd. II. S. 175.
2) a. a. O. Bd. II. S. 175.

günstigen, ja sogar von einer noch deutlicher hervortretenden Wirkung begleitet wird. (Seidel.)[1])

11.

Wenn man abzählt, wie oft mit mehr als mittleren Niederschlägen auch ein über das Mittel erhöhter, mit verminderten Niederschlägen ebenso ein vertiefter Stand des Grundwassers gleichzeitig angetroffen wird, so spricht sich in dem beträchtlichen Vorherrschen des Zusammenfallens von hohem Regen- mit hohem Grundwasserstande und umgekehrt (60 gegen 38) der Zusammenhang aus, welcher zwischen der Menge Niederschläge und der Höhe des Wassers im Boden selbst besteht. Die Verbindung zwischen diesen beiden wahrzunehmen, kann nicht überraschen: aber merkwürdig ist, dass die Beziehung, in welcher Grundwasserstand und Regenmenge jedes für sich mit der Häufigkeit des Typhus steht, in den Zahlen (73.5 gegen 34.5 und 67 gegen 35) sogar noch mit grösserer Bestimmtheit ausgesprochen ist, als ihre nicht zu bezweifelnde Verbindung unter sich. Was also Niemand bezweifelt, der Zusammenhang des Grundwasserstandes mit der Regenmenge, spricht sich in den Zahlen nicht einmal so deutlich aus, wie der Zusammenhang der Typhusfrequenz mit dem Grundwasserstande und der Regenmenge. Es ist daher kein vernünftiger Grund vorhanden, den letztern Zusammenhang noch ferner zu bezweifeln. (Seidel.[2])

12.

Armuth, schlechte Nahrung, Diätfehler, Erkältungen, nasse Füsse, Unreinlichkeit in Haus und Hof, schlechte Abtritte und Kanäle, feuchte, schlecht ventilirte, überfüllte Wohnungen, Sümpfe etc. vermögen die zeitliche Bewegung des Typhus in München nicht zu erklären. Diese Momente wirken grossentheils nur auf die individuelle Disposition, an Typhus zu erkranken, einige vielleicht auch auf die örtliche Disposition des Bodens, indem sie ihn mit organischen Stoffen schwängern.[3])

---

1) a. a. O. Bd. II. S. 176.
2) a. a. O. Bd. II S. 173.
3) a. a. O. Bd. IV S. 11.

13.

Seit 14 Jahren, seit in München das Grundwasser beobachtet wird, kamen drei grössere Typhusepidemien vor. Die allerheftigste $18^{57}/_{58}$ fällt mit dem allertiefsten Grundwasserstande zusammen, die zweitheftigste $18^{65}/_{66}$ mit dem zweittiefsten, die drittheftigste $18^{63}/_{64}$ mit dem dritttiefsten.[1]

14.

Dasselbe Gesetz spricht sich auch im umgekehrten Falle aus. Die allergeringste Typhusmortalität seit 1856 hatte München im Jahre 1867 zur Zeit des allerhöchsten Grundwasserstandes, die zweitgeringste im Jahre $18^{60}/_{61}$ zur Zeit des zweithöchsten Grundwasserstandes.[2]

15.

Ein Einfluss verschiedenen Trinkwassers auf die Häufigkeit des Typhus in München lässt sich auf keine Weise constatiren.[3]

---

[1] a. a. O. Bd. IV S. 16.
[2] a. a. O. Bd. IV S. 17.
[3] a. a. O. Bd. IV S. 513.